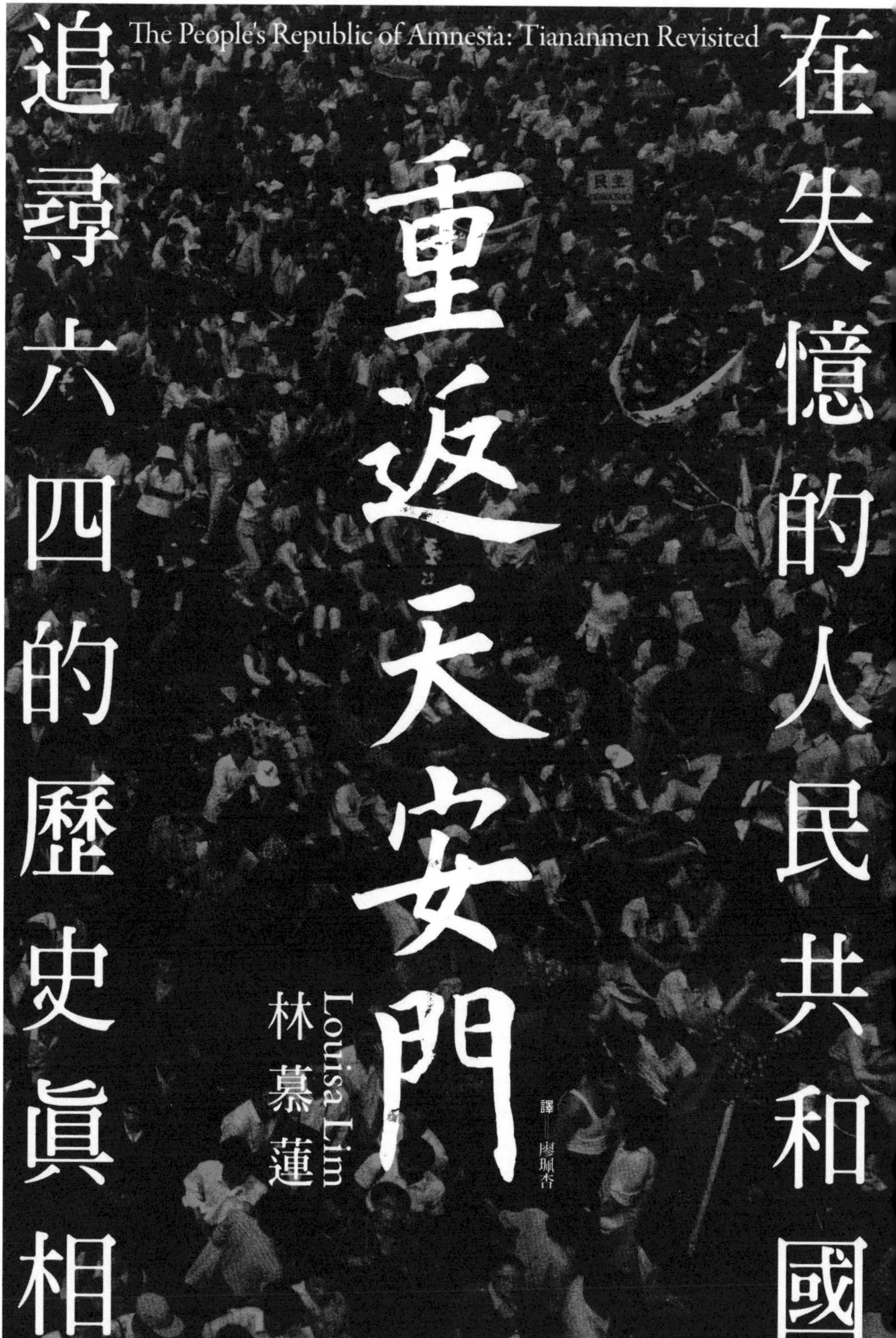

The People's Republic of Amnesia: Tiananmen Revisited

重返天安門

在失憶的人民共和國

追尋六四的歷史真相

林慕蓮 Louisa Lim

譯——廖珮杏

目錄

推薦序（一）

淹沒真相，不會使歷史成為過去

王丹

今年是中國爆發八九民運和六四鎮壓的三十周年。在此，我向讀者推薦前任BBC記者林慕蓮（Louisa Lim）的《重返天安門》一書。我推薦的原因很簡單：這是一本關於遺忘與記憶相抗爭的書，而遺忘與記憶的爭奪這個歷史的主題，已經不僅僅有關三十年前那場天安門學生運動，更有關人類的歷史、進步和價值。

三十年，是一段不長不短的時間。不長，所以經歷過的人還不會遺忘；不短，所以那些沒有經歷過的人，很多已經不知道真相了。而在這三十年中，歲月一天天流逝，往事一天天遙遠。精心的封殺，刻意的淡化，是獨裁者一貫的策略和手法。它希望藉此製造集體失憶與整體麻木，促使人們忘卻那鐵與火、血與淚的歷史。今天的中共，非但不去處理這樣的民族成長過程中積累的傷痛，反而試圖抹殺歷史，讓傷痛不僅無從得以減輕，反而更加深深地掩埋起來。這無疑是對民族的犯罪。難道，歷史通過淹沒真相就可以成為過去嗎？難道，只要封鎖住國內的言論，曾經有的傷痛就化為烏有了嗎？這是一個掩耳盜鈴的政府，也是一個對人民和國家極為不負責任的政府。

但是我也承認，這一策略，在一定程度上奏效。善於遺忘的人們，尤其那些置身於新聞封鎖和「輿論導向」的中國大陸民眾，他們中的很多人，似乎真的淡忘了那一陣滾過神州大地的驚雷。除了遺忘，還有恐懼。黑色專制的不可一世，紅色恐怖的無處不在，使大多數國人噤若寒蟬。然而，墨寫的謊言，終究掩蓋不了血寫的事實；現實的虛幻，從來不曾遮蔽歷史的塵埃。

對於我們這些經歷過的人來說，不僅是記憶，更要傳承記憶，我相信，這也是作者的寫作意義之一。而更重要的是，這些歷史的述說，其實折射的是現實的影子。今天中國所有日益嚴重並且無法解決的問題，都起源於「六四」鎮壓扼殺了和平變革和全面發展的希望和前景。這些問題包括：腐敗，失業，環境惡化，道德淪喪，貧富分化，民生缺乏保障，社會秩序混亂，地方政權黑社會化，警察濫用暴力等等。今天的中國，證明了當年的學生行動的正義性，那就是：中國不應當僅僅有經濟改革和發展，也要有政治改革和發展，以使發展的成果為全體中國人民分享而不是為少數權貴集團壟斷，以使經濟發展服務於創造一個偉大的公正社會，而不是一個同胞間因貧富鴻溝而相互仇恨和內鬥的社會，以使每個中國人不僅生活水平獲得改善而且享受文明社會公民普遍享有的政治權利和人道尊嚴。這是我們直到今天仍然抱有的對中國的想像與期待，這樣的一個中國，對全世界的和平與發展也都是正面的因素。這正是我們今天必須強調記憶的原因。回眸「六四」，濤聲依舊。那個暴風驟雨的歲月，自有其永恆而不可磨滅的價值。

不管高潮還是低潮，民主運動，猶如奔馳的列車，不管這列車曾歷經怎樣的波折，它始終沿著人類文明的必然軌跡，新世紀的既定方向，轟鳴不已，滾滾前行，最終，必將抵達光輝的彼站，迎接鮮花盛開的季節。但是我們永遠不能忘記的，是那些付出了生命代價的人。

翻看作者的記述和回憶，當年的一切似乎又回到眼前。作為當年的參與者之一，我想對那些已經在天堂裡面的兄弟姐妹們說：親愛的你們，作為倖存者，只要我們還有一口氣在，就絕對不會忘記你們，不會忘記你們每一張青春的臉，也絕對不會放棄為你們討回公道的努力。同時，在這令人悲傷的日子裡，我也希望你們知道，我們是多麼的想念你們，想念我們共同的崢嶸歲月。就像一首歌中說的：

某年某月的某一天，就像一張破碎的臉；
難以開口道再見，就讓一切走遠。

到如今年復一年，我不能停止懷念，懷念你懷念從前。
但願那海風再起，只為那浪花的手，恰似你的溫柔。

雖然時光流逝，但是我們還在。放心吧，我們希望你們在天堂一切安好。

推薦序（二）

史實的債越築越高，我們卻不願記憶隨之消逝

立法委員 尤美女

一九八九年六月四日，坦克和槍震驚了全世界，血流成河的悲劇毀了天安門廣場上人民的中國夢。那個中國夢，是民主、自由。隨後，歷史的發展是中國經濟的崛起，到了二〇一二年習近平擔任國家主席，取而代之是整個國家官僚體系所推動，配合標語大肆宣傳的中國夢，中華民族偉大的復興、提高人民的生活水平、增強軍事實力。民主、自由越來越是個禁忌用語。如今中共對維權、上訪人士的打壓、逮捕、判刑，以及天網式地監控人民的言論，已經到了最嚴重的程度。

六四的血腥清場導致了中國社會對此集體噤聲，到後來強力的打壓和監控，中共不容許有人提起任何一絲絲六四記憶。隨著事件過後的三十年時間，史實的債越築越高。二〇一四年作者林慕蓮撰寫本書時，把知名的坦克人照片帶到北京大學、清華大學、人

民大學和北京師範大學，絕大多數的學生看到照片沒認出一點端倪；一百名學生中只有十五人正確指認出這張照片。指認出的學生大多驚恐、緊張，就算知道該事件也不願再多說，或是表達理解或支持中國政府做法，諸如當時是外國勢力挑起事端，中共以此捍衛國家主體、那時中國內部情勢不穩定，政府因而不得已強力鎮壓、西方國家也沒有真正的民主自由等等。書中受訪者Feel劉，一個在中國嘗試在網路上搜尋六四資訊未果、迫切希望到香港的六四紀念館參觀的中國年輕人；回到中國後，懷疑自己在香港六四博物館所見所聞的準確性，以及策展人可能選擇呈現挑選過的歷史史觀。

到二〇一九年的今天，中共對民主、自由、人權的迫害變本加厲，我們恐怕再也無法得知，經歷過那段風起雲湧時光的中國人心中，可否還抱有絲毫記憶和夢想、後代又是否還留存絲毫六四精神。書中一位作者在香港遇見的專程前來參與六四燭光守夜活動的中國公務員，曾經參與過六四，他說每每想到那些死去的人或是在監獄服刑的人時，他們的聲音就在腦海裡迴盪。這樣憤怒於沒人關心、沒人再說的中國人如今還有多少？

至少，還有很多人不願意對六四的記憶隨之消逝。

《重返天安門─在失憶的人民共和國，追尋六四的歷史真相》一書的作者林慕蓮，透過經歷六四的基層軍人、民運領袖、受害者家屬，和位於決策高層圈的中共中央委員會總書記暨中央軍事委員會第一副主席趙紫陽的秘書口述內容，不僅讓我們還原事件的樣貌，更道出這些受訪者二十多年來縈繞六四傷痛的心境轉變。用餘生畫出六四之痛的時任小兵、首批以「反革命暴亂」被起訴，經商後一再因六四汙點受到司法迫害的商人、學生領袖吾爾開希和柴玲、要求真相釐清和平反受難者卻不斷受到打壓的家屬們「天安門母親」、八〇年代身負中共政治體制改革重任，同時身為反對軍隊打擊學生的趙紫陽秘書，後來又因此坐監服刑及遭長年監控的鮑彤；這些當事人無論仍困在中國，或是成功逃離中國，仍艱辛地以各自不同的方式面對過去的打擊和傷痛。對他們來說，民主自由還是他們的信仰，真相及平反還是他們所求。只不過三十年來漫長的時光沒有終點，總是不斷消磨人的意志，有人持續行動，有人不願再提。甚至在期待越來越空洞下，已壓垮了一些靈魂。二〇一二年，受害者家屬軋偉林在參與天安門母親的請願活動多年後，選擇自盡。

身為台灣人民，面對中國緊逼的一國兩制、和平協議，更不應該忘記六四，更應該了解六四及身處其中的人長年沉痛之路。

我們期待這本書的出版，能夠為一九八九年六月四日，和對於真相和平反沒有終點的追尋，於三十周年的當下，在台灣社會築起歷史記憶。

同時我在此向書中的主角們、其背後已經逝去的生命和艱苦留下的生命致意。

獻給那些敢於發聲的人

天安門事件大事時間表

一九八九年四月至六月

四月十五日	被免職下台的前中共中央總書記胡耀邦逝世。
四月十六日	學生在一些北京校園裡進行動員。
四月十七日	第一場學生遊行至天安門。 四月十八到十九日學生在新華門靜坐，最後在與警方發生衝突下收場。
四月二十一日	十萬名學生在天安門廣場聚集。
四月二十二日	胡耀邦的追悼會在人民大會堂舉行；周永軍等三名學生在門外的台階上下跪。
四月二十四日	「北京高校學生自治聯合會」（簡稱「北高聯」或「高自聯」）成立。罷課行動開始。

四月二十六日	《人民日報》的一篇社論〈必須旗幟鮮明地反對動亂〉將學生運動定調為「動亂」。
四月二十七日	出現大規模的示威，抗議四月二十六日的社論。
五月四日	中共中央總書記趙紫陽在對亞洲開發銀行的演講中承諾，不會有「大的」動亂發生。
五月十三日	北京學生絕食抗議開始。
五月十四日	當選的學生代表與官員會見，但談判破裂。
五月十五日	蘇聯總統戈巴契夫在北京進行國是訪問。
五月十七日	超過一百萬人在北京遊行。
五月十八日	總理李鵬在人民大會堂會見王丹、吾爾開希、王超華等學生領袖。
五月十九日	趙紫陽拜訪廣場上的學生，這是他最後一次公開露面。學生停止絕食抗議。
	軍隊試圖在戒嚴之前進入北京，但被市民阻截了前進路線。
五月二十日	上午十點戒嚴令正式宣布。
五月二十三日	軍隊撤回北京郊區。
五月二十七日	學生投票一致通過將於五月底撤退，但這個決定在公布後立即被推翻。
五月二十八日	趙紫陽的秘書鮑彤被捕。

五月二十九日	三十英尺高的民主女神雕像揭幕。
六月二日	「廣場四君子」劉曉波、侯德健、周舵、高新開始絕食抗議。
六月三至四日	數千名士兵部署至北京市中心。 軍隊向平民開火；坦克駛入天安門廣場。中國初步報導稱有兩百四十一人死亡；目擊者認為死亡人數應該更高。
六月四日	中國包括成都在內共數十個城市，爆發反對血腥鎮壓的抗議活動。
六月五日	外國媒體拍攝到一名年輕的中國男子擋在一列坦克前方的路上，這名男子被譽為「坦克人」。
六月九日	中共中央軍委主席鄧小平自鎮壓以來首次亮相，稱政府已經鎮壓了一場反革命暴亂。

天安門周遭北京市地圖

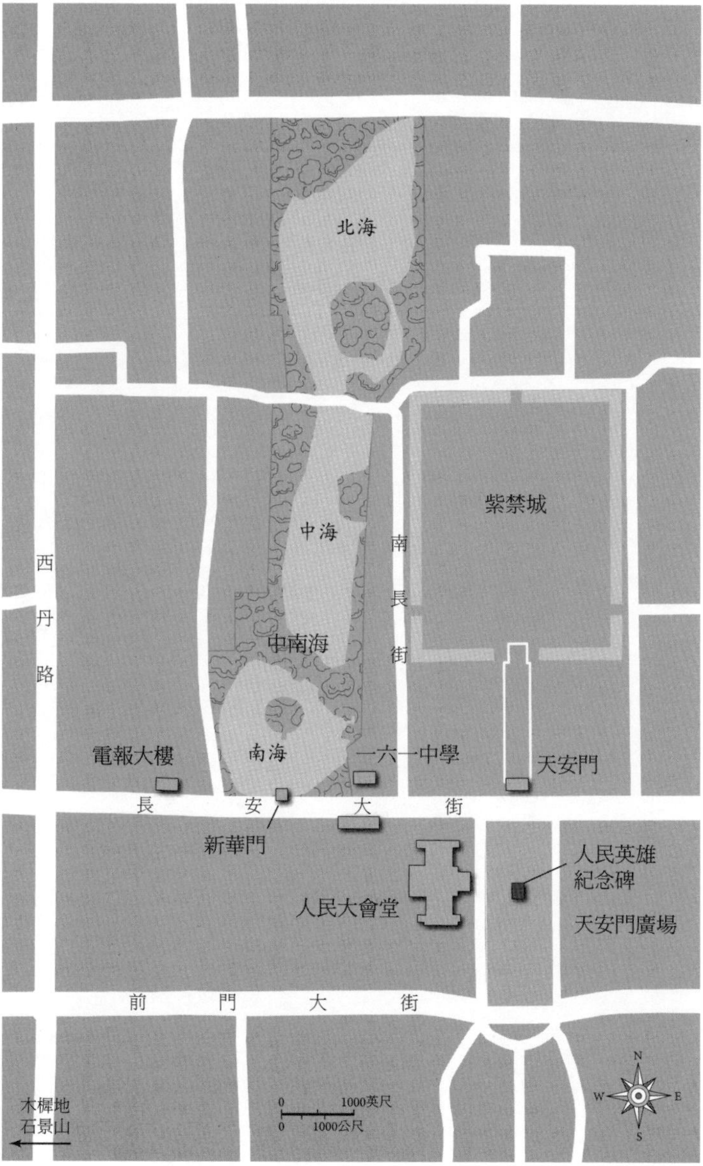
北海
紫禁城
中海
南長街
西丹路
中南海
電報大樓
南海
一六一中學
天安門
長安大街
新華門
人民英雄紀念碑
人民大會堂
天安門廣場
前門大街
N
W
E
S
0 1000英尺
0 1000公尺
木樨地
石景山

英文版作者註

書寫今日的中國，要權衡每一個句子的風險和後果，這簡直是難如登天的算計。在資訊匱乏的情況下落筆，宛如在黑暗中耍特技。但如履薄冰是需要的，這也是為什麼這本書非寫出來不可的原因。隨著中國對政治議題的容忍及接受度變得越來越窄，人民心中的自我審查也逐漸削弱了中國內外的言論自由。而且近年來這個進程正在加快中，中國開始驅逐一些外國記者，並拒絕向其他記者發簽證。因為我的家人在過去的十年裡，已經把中國當成自己的家，所以當我考慮寫這本書的時候，不得不好好思考這些問題。不過，我同時也會想：如果我選擇不寫六四——我有完全的自由可以這麼做——那麼，還會有誰會為了歷史紀錄把這些故事寫下來呢？歷史事實不應該被挾持，服從與共犯兩者之間的界線已經變得微乎其微。

我無比感謝那些與我分享他們故事的人，特別是那些必須保持匿名，或是無法離開中國的人。他們所有人都很清楚，與西方記者談論敏感的六四話題要冒很大的風險。當我在撰寫這些章節的時候，我一直苦思是否要刪除一些細節來保護他們。對於其中少數幾位受訪者，我的確採取了這個作法。但大多數接受我訪問的人都非常有名，而且他們的經歷都太特殊，根本掩飾不了身分。這些人允許我使用他們的真名，但我知道做下這些決定並不是那麼容易。他們讓我來講述他們的故事，我希望這本書沒有辜負他們對我的信任。在中國，所有和我交談過的人，都不知道我會寫到一九八九年六月在成都發生的殘酷鎮壓。我偶然地認識了唐德英，才開始了解那時發生了什麼事。她的年輕兒子在一九八九年六月受警方羈押時遭毆打致死。不過，我是直到離開了中國，才進一步地研究成都的故事。我希望藉由寫出這本書，讓人們開始討論在首都之外發生的「其他的天安門事件」，以此緬懷那些鎮壓之下的受難者，並打破中國圍繞著一九八九年的沉默咒語。

台灣版作者自序

所有的道路都被封閉，
所有的眼淚都被監控，
所有的鮮花都被跟蹤，
所有的記憶都被清洗，
所有的墓碑仍是空白。

劉曉波，〈六四，一座墳墓〉（二〇〇二年）

中國的諾貝爾獎得主劉曉波，二〇一七年在獄中死於癌症。二〇〇二年時他寫下這些詩句，稱六四為「一座墳墓／一座被遺忘所荒涼的墳墓」。對曾於一九八九年勸天安門學生做最後撤離的劉曉波來說，六四始終是他身體裡的一根針，「它常常游弋到心臟的邊緣……偶爾會用針尖試探地觸碰心的表面。」這二十年來，他每年都為六四寫下紀念輓歌，像是一種持續不斷的懺悔。極其悲傷諷刺的是，如今他筆下那些被禁止的記憶，不僅僅只是在寫一九八九年逝去的冤魂，也是在寫他自己。劉曉波的遺體是如此強而有力的象徵，中共為了避免他的墓地成為朝聖地，倉促主導了喪禮的安排，並將他的骨灰撒入海中。

三十年過去了，天安門事件的記憶沒有消散，反而變得益發敏感。

長年以來，公開的紀念活動都被禁止，近來當局甚至開始越來越常懲罰私人的紀念活動。二〇一四年，十五名知識分子在一處私人住宅內舉辦二十五周年紀念聚會，後來其中五人被捕，並在幾天內被冠上「擾亂公共秩序」的罪名。國家不僅監管集體的記憶，更是積極將監控的觸角伸向個人。為了避免禁忌思想溜進公共空間，提醒其他人必須遺忘的事，中國當局連人民的腦袋，這樣私密的個人空間也不放過。

中國共產黨對六四事件有多麼恐懼，從它近年如何把記憶當作一種罪來懲罰就可見一斑。二〇一七年，四川異議分子陳雲飛被判四年有期徒刑。[1]他的罪行，只是為一九八九年在北京死去、葬在成都郊區的學生吳國鋒掃墓。隨後，陳雲飛就被控以「尋釁滋事罪」。從此可看出，這個國家多麼嚴密地管控它的人民，連人民私底下到郊區掃墓，低調到沒人會注意到的行為，也會覺得應該施以懲罰。正如小說作家鄧敏靈（Madeleine Thien）所言：「可以說，沒有人比中國政府更忠實、更專注地記得天安門事件。」[2]

還有另一宗歐威爾所謂的「思想罪」（thoughtcrime）發生在二〇一六年，四名男子精心設計了一瓶紀念款白酒，酒標圖案的靈感來自那張在長安街上與一列坦克車對峙的「坦克人」圖像。*這四人被以「煽動顛覆國家政權罪」起訴。[3]四川成都對一九八九年血腥鎮壓的集體記憶，早已被抹滅殆盡，上述兩起案件卻都發生在成都，這並非巧合。今日的中國，歷史是由當權者決定的。法律規定，任何歪曲或貶損歷史英雄及烈士的行為都是刑事犯罪。

中國共產黨在思想清洗與重製的工作上成效卓越，尤其是關於成都發生的事件，在過去四分之一個世紀以來幾乎無人聞問。套句牛津學者何依霖（Margaret Hillenbrand）的說法，「主動的逃避者」（active complicity，即一九八九年已懂事卻宣稱自己不知的人）與「被動的無知者」（passive ignorance，即一九八九年以後出生且一無所知的人）通常只有一線之隔。[4]儘管中共可說是大獲全勝，但它顯然依舊戒慎恐懼，對任何再小的公共紀念行為都風聲鶴唳，深怕有人玷汙了純淨的集體記憶。

---

* 譯註：羅富譽、陳兵、符海陸，與張雋勇等四人在酒標上寫著「銘記八酒六四」，並畫著一名年輕人拿著筆電盤腿坐在長安街上，面對前方一列坦克車，明顯是向坦克人的照片致敬。

無知不僅很重要，甚至是必要的。他們深信，政府的決策都是正確無誤的，任何偏離這一基準的行為都是魯莽的，甚至是危險的。二〇一八年六月，在澳洲一所大學擁擠的教室裡，一名年輕女子清楚地表達了這個觀點。她並非用質疑的口氣，而是發自內心好奇地問道：「為什麼我們要回顧這段歷史呢？為什麼你認為了解這段歷史對當今、現下的中國，特別是我們這一代年輕人有幫助呢？你認為這樣做可能會威脅到中國所謂的『和諧社會』嗎？」後來，另一名中國學生走上前來問我是否思考過，僅僅是關於六四的知識也可能對「我們完美的社會」構成危險。

對我來說，這還不是最難回答的問題。有一些年輕的中國人會在演講結束後，在四下無人的時候偷偷地來找我說話。他們躡手躡腳地走到桌子邊，以我幾乎聽不見的聲音，用不同言語問同一個問題。這個問句隱含著一種無聲的指責，像是控訴我戳穿了他們的無知。他們想知道的是，到底他們應當拿這些新知識怎麼辦？既然他們知曉了真相，接下來該做什麼？我都這麼告訴他們，去吧，盡你所能地去挖掘真相吧。盡其所能地閱讀所有能找到的各種資料。利用你手中一切的自由來獲取知識。你應該自己決定要接受哪一個版本的國家歷史。如果你願意，與他人分享你所知道的六四。更重要的是，要銘記不忘。

未來的路通向何方，台灣對二二八屠殺這段歷史的處理上或許可以作為某種示範。

也許有一天，天安門廣場會建起一座紀念博物館，就像台北的二二八國家紀念館。也許有一天，中國也會有個一年一度的國家紀念日，就像台灣的二二八和平紀念日。然而台灣面對二二八大屠殺的這段平反之路也走了四十八年，中間還歷經了數十年的白色恐怖時期，之後又過了十六年，才有了現在的二二八國家紀念館。與此同時，讓那些記憶保持鮮活是我們的責任，我們應當捍衛自己的歷史記憶，並抵禦來自北京近來頻頻試圖跨越國界，干擾控制他國輿論的侵犯行為。落筆至此，我想起劉曉波在六四十五周年寫的輓歌的最後一句，以此作結是再適合不過了：

在絕望中，
唯一給予我希望的，
就是記住亡靈。

二〇一九年四月，香港

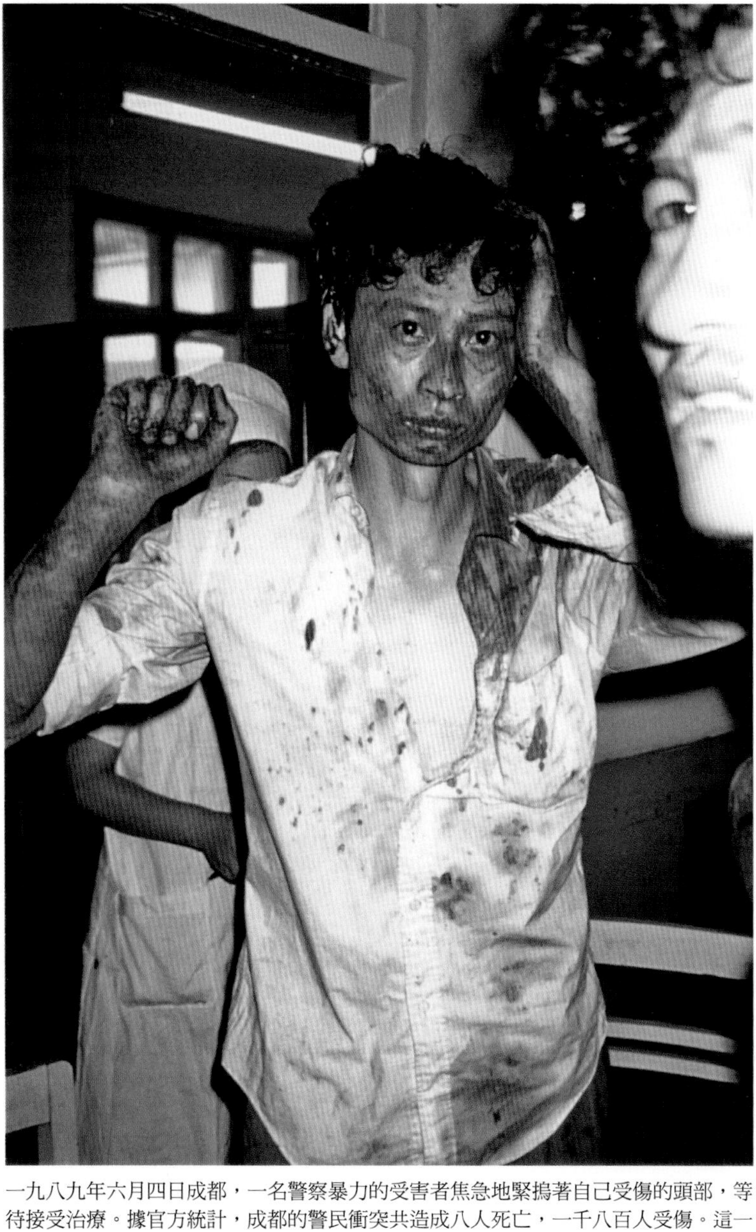

一九八九年六月四日成都，一名警察暴力的受害者焦急地緊摀著自己受傷的頭部，等待接受治療。據官方統計，成都的警民衝突共造成八人死亡，一千八百人受傷。這一鮮為人知的事件至今為止還沒有被撰寫出來過，而這些由金．奈嘉德（Kim Nygaard）所拍攝的照片之前也從未發表過。

一九八九年六月四日，憤怒的抗議者在成都天府廣場與鎮暴警察對峙。金・奈嘉德於成都診所拍攝的照片（左側圖）中顯示，患者受傷部位大多在頭部，在在再證明警察使用警棍瞄準抗議者頭部攻擊。

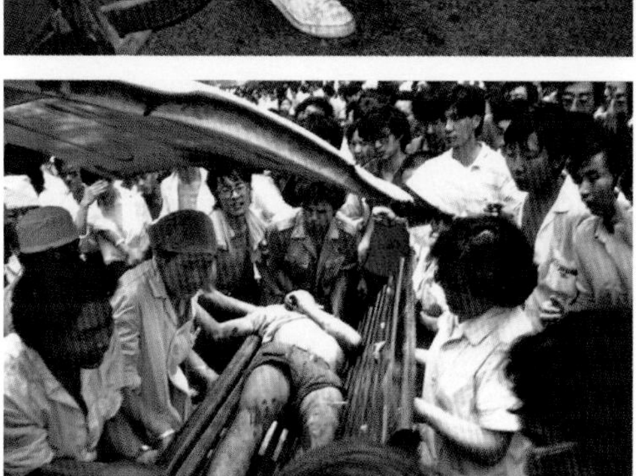

实

抗議運動蔓延到北京之外的地方，但這段歷史幾乎受人遺忘。這些照片拍攝於五月中旬。成都的街道上擠滿市民，他們手裡揮舞著長布條，上頭寫著「權力屬於人民」。學生隨後佔領了成都天府廣場，在毛主席雕像下發起絕食抗議。

旗帜鲜明争民主
权力属于人民

成都益州商务股份有限公司

现四化．统一祖国，振兴中华！
中国共

一九八九年六月四日，成千上萬的老百姓勇敢地走上成都街頭，抗議北京的血腥鎮壓事件。當局使用催淚瓦斯及震撼彈，試圖驅散示威者，但衝突仍舊爆發。警察人數遠遠低於示威群眾，因而被迫撤退回受群眾攻擊的政府大樓，如右圖中。一夕之間，整個城市陷入混亂，憤怒的市民焚燒政府財產。

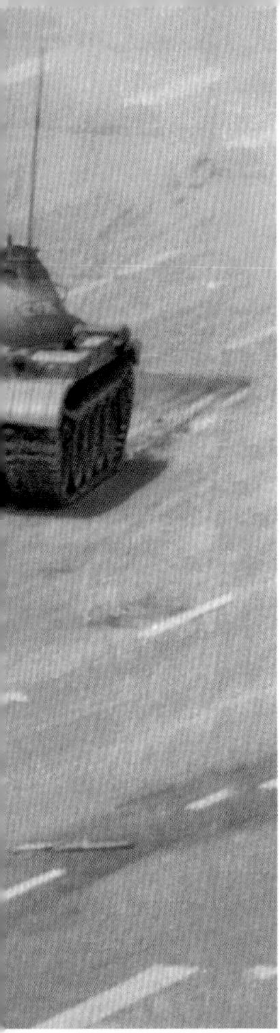

這張照片被稱為「坦克人」，由美聯社攝影記者傑夫・懷登（Jeff Widener）所拍攝，在西方被譽為天安門運動的象徵圖像。然而在中國，鮮少年輕人能認出這張照片，可見關於一九八九年事件的事實真相被封鎖得多嚴密。在一百名北京四所大學的學生當中，只有十五人認得這個鏡頭。

這張由小兵陳光拍下的照片顯示，其他士兵在焚燒學生占領所留下的物品，天安門冒出熊熊火舌。照片攝於一九八九年六月四日，學生離開廣場之後。連同下一頁圖片所示，戒嚴部隊占據整個廣場，他們唯一的任務就是破壞。從下頁圖片可看見，部隊正在清空人民英雄紀念碑的階梯，這裡曾是學生抗議活動的總部。

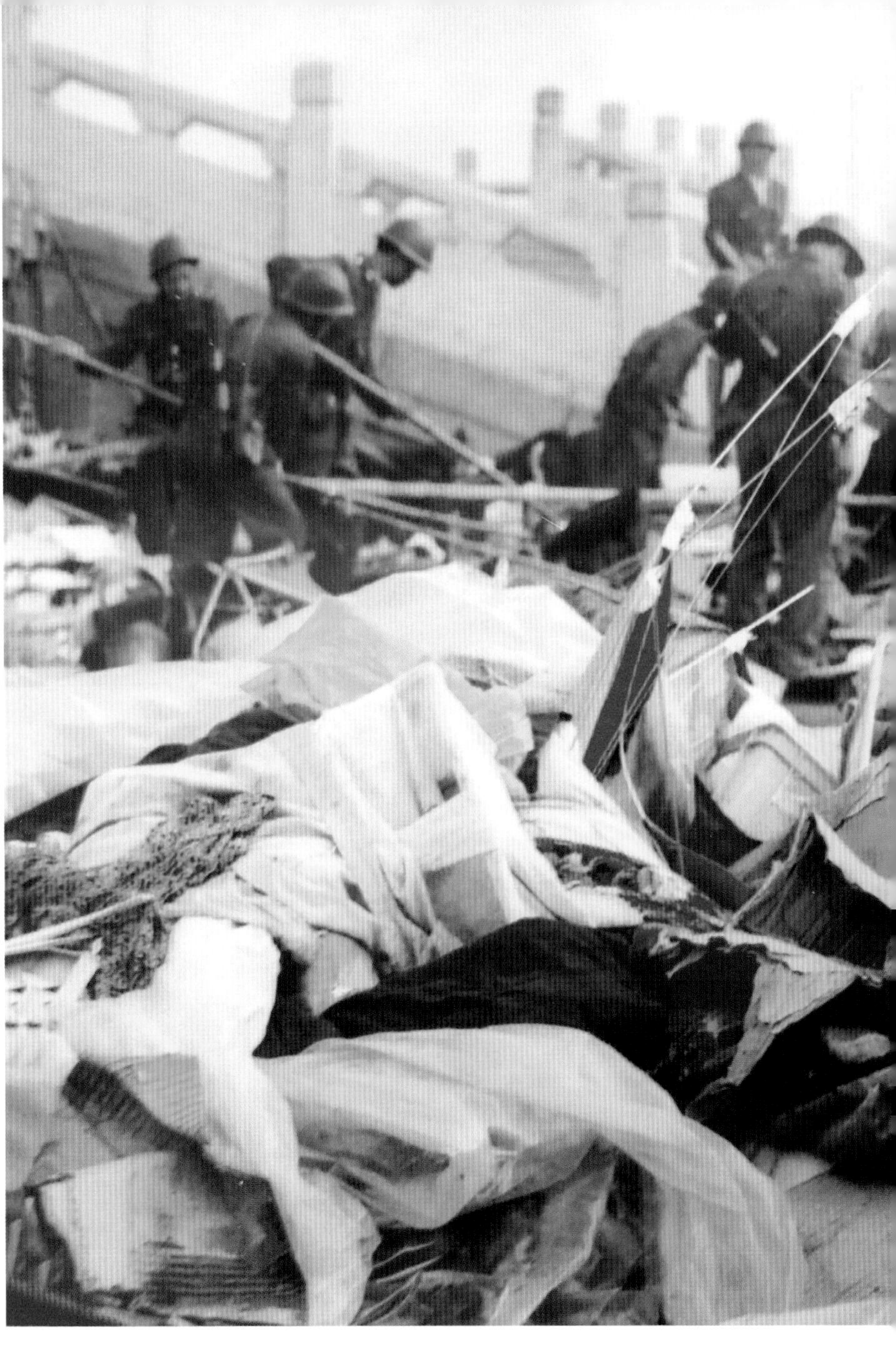

從小兵變成藝術家的陳光對他當年目睹的事至今念念不忘，當時他是負責清場的戒嚴部隊一員。他在一系列三聯畫中畫了同一支紀念錶，這支手錶是事件後官方為表揚他們在鎮壓學生運動時立下的功勞所致贈的。至於天安門前的坦克素描，則是依據一張他於一九八九年拍攝的照片繪製而成。

陳光在他舊工作室中留影。下圖是他拍的一張照片，成堆的食物空運到天安門廣場，供給駐紮在人民大會堂中的挨餓士兵。他對六月四日之後歷經的飢餓經驗記憶深刻，解放軍的鎮壓紀錄資料中證實了這段歷史。

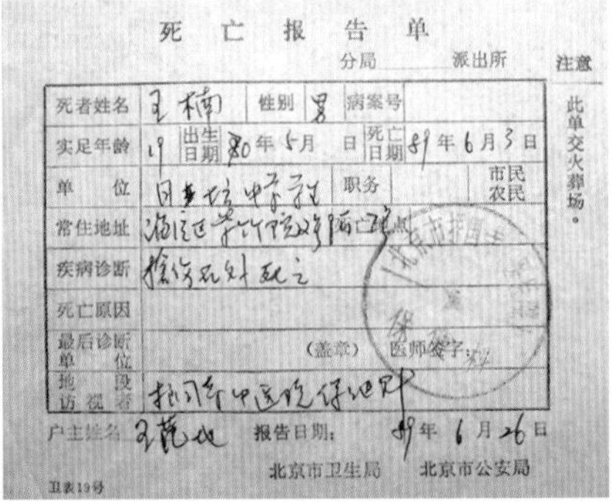

死　亡　报　告　单

分局＿＿＿＿派出所

死者姓名	王楠	性别	男	病案号		
实足年龄	19	出生日期	80年5月　日	死亡日期	89年6月3日	
单　位	[illegible]	职务			市民 农民	
常住地址	[illegible]					
疾病诊断	[illegible]					
死亡原因						
最后诊断单位	（盖章）	医师签字	[illegible]			
抢救或访视者	[illegible]					

户主姓名 [illegible]　报告日期：89年6月26日

北京市卫生局　北京市公安局

卫表19号

注意：此单交火葬场。

張先玲是「天安門母親」的發起人之一。「天安門母親」是一個由一九八九年六月四日遇難者親屬組成的施壓團體。她十九歲的兒子王楠在事件中頭部中槍身亡；他的死亡通知書上記載的死亡原因為「槍傷在外死亡」。死亡時間錯誤地標記成一九八九年六月三日。王楠中槍之後，被士兵拒絕提供醫療協助或運送至醫院，最後在路邊死去。他的遺體被戒嚴部隊隨意地埋在一六一學校入口附近的花壇中，見下方左圖。幾天後開始發臭，他腐爛的屍體才被挖出。

從左上順時針方向：鮑彤是一九八九年被判入獄的人當中層級最高的官員，在單獨監禁中關了七年；他現居北京，處於嚴密的監視之下。張銘在中國紅色通緝令上排名第十九，他的身體健康一直飽受兩次入獄所留下的後遺症之苦。丁子霖是天安門母親的公眾形象代表，她在十七歲兒子的骨灰罈座前留影。一九八九年流亡的前學生領袖吾爾開希，接受《聯合報》「全球瞭望」的採訪。（本頁照片由作者提供）

陳光拍攝的其中一張照片，軍隊和坦克就在天安門城門前排成一列。天安門的「安」不再意味著平安、安定（peace），而是安撫、平定、或鎮壓（pacification）。

前言

破曉前尚一片昏暗，他們從四面八方匯聚，蜂擁進入廣場，手裡高舉著一面面旗幟與布條。空氣中瀰漫著揉合了期待、緊張與興奮的氣氛。當他們橫越足足有六十個足球場大的灰色空地時，眾人腳步加快小跑了起來。這不是一九八九年，而是二〇一四年的天安門廣場。群數以千計的人們早晨四點鐘上街，不是為了抗議貪腐或是審查制度；他們出來是為了見證每日的升旗儀式，這種儀式已然是讚揚中國民族認同的莊嚴慶典。天安門廣場對於這些世俗的朝聖者來說，既跟一九八九年占領廣場的抗議者南轅北轍，也跟政府的暴力壓迫毫無關連。對他們而言，這個廣場象徵著國家的心臟，是國家的政治中心。這樣的想法與一四二〇年代最初建造這個廣場的明朝皇帝不謀而合。在過去四分之一個世紀裡，中國統治者以一種非比尋常的手段，成功地將這個民族屈辱的地方轉變成民族驕傲的一部分。而這種消除集體記憶的行為到底是如何辦到的？代價又是什麼？

那個夏日黎明，我加入了奔向旗桿的人潮，身邊擠著一個瘦小又頭髮斑白的外地附近曾有坦克及大砲對付手無寸鐵的旁觀民眾。她馬上沉下臉來。我提問的方式太像典型西方媒體，對中國抱持質疑態度，口氣又咄咄逼人，把氣氛給搞擰了。

「這個問題很敏感，」她遲疑地回答，「我們就別講它了唄。我們要活在今日的世界裡，別老沉溺在過去。」

我突然很好奇，在那天清晨廣場上的數千名群眾裡，我該不會是唯一一個沉溺在一九八九年的人吧。事實上，我們現在所看到的一切，部分要歸功於後天安門時代意識形態教育的作用。而且中國老百姓對於過去四分之一個世紀中國的脫胎換骨感到自豪，更加強了現在的樣子。中國領導層提升了他們人民的生活，扶持數億人脫貧。許多城市蓋滿了閃閃發亮的摩天大樓，到處都有寬闊的高速公路與最先進的高速鐵路相連，中國以嶄新的地景重建了國家的面貌。

就連天安門也重建過。年復一年，它所承載的益發深沉的印記仍不停地影響著後世。在明清時期，這裡曾是舉行公眾審判的場所，例如「凌遲」這類可怕的酷刑。即使名叫「天安門」，其實完全不像它聽起來的那樣平靜；這個名字是一六五一年清初時由滿族人所命名，當時他們還沒那麼精通中文。原始滿族名的意思是「天堂的安撫之門」[1]，大概更能反映當時這個新興帝國一邊忙著鎮壓抵抗，一邊為擴大領土發動多場征服戰爭的肅殺之氣。毛主席上台後，他希望為自己打造一個讓世人崇拜的巨大政治舞台，便建設了當時世界最大的公共廣場。升旗儀式結束之後，我走向毛澤東最後的安息之地，那裡是一個巨大的陵墓。我遇到一群坐在地上的老人，他們看上去累極了。

「您還好嗎？」我問。

「我們沒事，」他們回答，頭頂上用摺起來的報紙遮住了朝陽。「我們只是在歇息。」

看著他們，我想起了幾年前和其中一位塑造現代北京的建築師的相遇。初次見面的時候，張開濟九十二歲，有著因歲月與絕望而生的坦率。他為慶祝一九五九年共產黨統治十周年，負責設計並監督建造了廣場兩側的兩座博物館。他在短短十個月內就完成了這項艱鉅的任務。近半世紀後，他仍為自己的作為感到後悔。「天安門廣場太大了。我們原本想要展現出祖國的偉大。那時的觀念是要越大越好，但是現在我認為這是錯誤的。這只是要炫耀罷了，而不是真的為人民服務。」

他最感後悔的是，他沒有設計一個人性化的空間，讓老人可以坐在長凳上，看著他們的孫子蹣跚學步。事實上，這個廣場確實曾經一度屬於人民，在一九八九年當中至少七周的時間裡。

就像今日中國政治、經濟及外交等幾乎所有層面一樣，升旗儀式本身也與天安門抗議活動的後續影響錯綜複雜地交織在一起。一九八〇年代，每天早上只有三名衛兵負責天安門不是一九八九年唯一的悲劇發生地。有一章講一場發生在西南部成都市的鎮壓，就是一段幾乎完全被人遺忘的歷史。當地的抗議者為北京的大屠殺感到義憤填膺，他們走上街頭與警察對抗，最後卻被血腥鎮壓；即使在當時，外界也很少有人注意到成都的死傷消息。我曾試圖藉由多位見證者的眼睛，將這些事件拼湊起來。其中有很多人在當時曾寫下紀錄及拍下照片，卻是直到現在才分享出來。

四分之一個世紀過去了，即使歲月讓這些記憶都變得模糊、片面，但這本書中的所有見證仍要一起大聲地對抗沉默的罪行。

第一章

小兵

「中國的政治教育就是讓你遺忘——遺忘這個政黨不好的地方，只記住好的東西。所以對個體會產生巨大的摧毀作用。因為他們只知道什麼東西對自己是有利的，這會導致一個國家的民眾像動物一樣生存。」

——陳光

熊熊烈火伴隨著縷縷濃煙籠罩著整個天安門，一群士兵正把學生的物資全堆起來放火燒掉。這裡沒有一個老百姓，這個世界全都是穿著卡其布的士兵。這幫頭戴鋼盔的男人唯一的任務就是毀滅證據。他們仔細搜索被匆忙棄置的帳篷、睡袋，還有紙張。一落落的紅色長布條在地上翻動著，猩紅的顏色彷彿訴說著在這之前發生的流血事件。這是一九八九年六月四日清晨；暴力雖然看不見，但是依然存在。

裝甲運兵車隊將槍砲口對著天安門的城門，它們就停在毛澤東主席四十年前，一九四九年站立的地方，他在此宣布中華人民共和國成立。一輛一輛的坦克就排列在中國最具政治意義的地方前面。

這些在天安門的景象，只有軍隊才看得到。學生們最終在七個星期之後，在槍口下四處散逸，逃離了廣場，那時一場大規模軍事行動動員了十五萬名士兵。[1]死傷人數至今無人知曉。中國初步統計為兩百四十一名死亡，其中二十三名為士兵。[2]中國紅十字會最初則估計有兩千六百人死亡，這個數字基本上得到了瑞士大使的證實，他曾到訪北京的醫院，並聲稱有兩千七百人死亡。[3]但是上述兩者皆在外交壓力下迅速撤回數字。一九八九年六月二十二日一份美國外交電報認為，「就衝突的性質以及解放軍使用的武器來說」，這樣的數字並不合理。[4]無論如何，這些數字都無法傳達解放軍將槍口對準自己人民時，那種全然的背叛感。

對於其中一名士兵來說，他花上好一段時間——好幾天、好幾個月，甚至好幾年——才搞清楚他在當年事件中執行的任務。時至今日，當年十七歲作為隨軍攝影師在廣場上所拍下的場景，依然讓他縈迴在心。陳光現在是一位畫家，他的作品仍深受那個夜晚的經歷影響，創作了自己清楚不能在中國大陸公開展示的一系列作品。那個夜晚將他的人生一分為二。他永遠無法再回復曾經的純真，或是忘掉他身上曾經發生過的事。同時，國家的生活也被一分為二；中國近代史在那個晚上發生了轉折——不過卻無人談論，而且越來越多年輕一代的人對此一無所知。

工作室裡三幅幾乎完全相同的手錶畫作斜靠著牆面，這是陳光的作品中看似最平凡無奇，大概也是最令人不寒而慄的作品。畫中是一只銀色手錶，配有金屬錶帶、米黃色的錶面，十二點的位置還鑲著一顆便宜的寶石。寶石下方用紅色線條畫出天安門城門的輪廓，下面寫著英文字樣「BEIJING」。在手錶的下半部有一個小小的插畫，是一個戴著橄欖綠頭盔的士兵，他的臉上表情看起來堅忍不拔。沿著底部寫著一排字體很小的漢字「89.6.平息暴亂紀念」。這只手錶是當年所有參與鎮壓民主運動的戒嚴部隊獲贈的紀念品。

愛滋村之子

陳光站在坑坑窪窪的路旁等我，一群流浪狗在一堆隨風滾動的骯髒塑膠袋中覓食。他身材偏瘦、精神奕奕，一頭黑白相間的短髮，穿著剪裁良好的黑色大衣，搭配造型時尚的可拆式衣領。在這個北京外圍的郊區，灰色的工廠挨著紅磚平房一一豎起，全都融入在無邊無際的城市擴張裡，成堆的垃圾點綴其中。陳光帶我走進他的工作室，工作室就隱藏在一家印刷廠深處，在那裡沒人關心他畫什麼。許多從蓬勃發展的中國藝術熱潮中賺得飽飽的藝術創業家都很傲慢，陳光卻很不一樣，他相當靦腆謙遜。而且他決定要畫一些不能展出的畫作，這就已經讓他與輕鬆賺錢和「網路紅人」這兩條成功之道分道揚鑣了。

兒時的陳光夢想成為藝術家，卻似乎沒有實現的可能。他出生於河南省窮苦的商丘市一個農村小鎮，爸爸是工廠工人，媽媽則是家庭主婦。當地後來因成為愛滋病流行疫區而惡名昭彰。極度貧苦的農民將他們唯一的商品——血液——賣給了政府出資的血液公司。該公司匯集血液，分離血漿，再將剩下的紅血球注回那些農民體內，導致愛滋病在這個區域的農村傳播開來。雖然陳光沒有受到危機的影響，但他學校成績不佳仍讓他前途渺茫。「要麼你去工作，要麼你去當兵，」他這麼跟我說，「沒有第三條路線可以走。」因此一九八八年春天，他十六歲的時候從高中輟學。中國人民解放軍入伍的最低年齡限制是十八歲。他謊報年齡，希望服兵役能成為他的跳板，進入著名軍校就讀藝術學院。

打從下了火車抵達河北省張家口市兵營的那一刻，陳光就非常後悔從軍的決定。從第一天開始，他就被軍營生活持續不斷的艱苦訓練消磨殆盡。每天早晨五點半就被叫起來開始越野賽跑，冷空氣下的訓練令他痛苦地乾嘔。當他回到基地的時候，他的棉帽上已結了一層薄薄的冰。這裡日日無止境地進行軍事訓練以及思想政治教育，課堂上士兵們聽部隊長官大聲朗讀中國人民解放軍的報紙，然後長官精心解釋每一篇文章的正確意思。但最慘的是睡眠不足；士兵每天晚上為了站哨，或是參與夜間訓練，還有忍受突擊檢查，都被迫起床好幾次。他們必須從床上跳起來，五分鐘之內收拾好所有的工具包。一九八九年五月，陳光入伍服役一年多，他的幻想已然破滅。他沒有學到任何技能適應嚴酷的軍旅生活，他的健康反而受到影響，日後飽受慢性支氣管炎及腹瀉之苦。

五月的某一天，他的部隊正在軍事演練的時候，警報聲突然響起。一道命令下來：他的部隊要被部署到北京，保護首都免受「嚴重的動盪」。陳光與他的同袍們都不知道這意味著什麼。當時，他們完全不知道在首都發生了前所未有的公開抗議，群眾在大街上組織了大規模示威遊行。學生們在四月中就舉辦了首次遊行，悼念突然過世的胡耀邦，後來政府保守的回應又讓學生受到鼓舞，開始呼籲新聞自由、民主，還有打倒貪腐。這些他們全都不知道。他們也不知道成千上萬的工人，甚至一些來自政府部門的人，都加入了遊行行列。他們不知道政府最高層在處理如何應對抗議活動上意見分歧，改革派與保守派相互為敵。而且他們不知道——確切說是還不知道——他們自己將在一場賭注極高的政治遊戲中成為棋子。

大多數的情況下，這些士兵——全是十幾歲的鄉下男孩——根本沒有花多少時間思考他們接下來即將要面對什麼。真要說起來，整件事就像是一場冒險活動。他們之中很少人曾經去過首都，現在終於有了機會。「沒有害怕，覺得挺好玩的那時候。」陳光說，他一想起當年他們天真的興奮模樣就嘿嘿地笑了起來。「覺得我們要到北京去玩兒了，總比在部隊裡訓練要好玩吧。」他們位於張家口的軍營距離首都約一百英里，但光走這趟路程就花了兩天兩夜的時間。全員擠進一輛輛綠色軍用卡車，在無人且蜿蜒的山路上顛簸。

然而對於一心嚮往樂趣的士兵來說，首都的生活在一開始的時候，甚至比軍營生活來得更無聊。陳光的部隊被安置在距離北京十二英里外，一個位於石景山的中國人民解放軍射擊場。由於找不到空地進行訓練，他們只好每天聽大聲朗讀出來的《解放軍報》與《人民日報》文章。他們一再被告知，有極少數麻煩製造者懷抱著秘密邪惡意圖趁勢作亂。有人告訴他們，這些少數群體反對共產黨和社會主義制度的領導，目的是要在人民之間挑撥離間，讓國家陷入混亂。軍隊必須要意志堅定，遵守黨的命令。對陳光來說，這次的任務相當明確。身為一名接受服從訓練的士兵，任何質疑命令的想法，即使只是在腦袋裡想，都是不可能的。

五月十九日，中國總理李鵬宣布戒嚴令將於次日生效，士兵們等待已久的命令終於發出：保衛天安門廣場。他們的車隊從軍營出發，但是只走了幾英里，卡車就被一波波湧上來的人群給圍住。每一次他們嘗試向前推進，一波新的人潮就再次圍住他們，還有卡車和公車在幫忙堵塞道路。士兵們完全被這股傾瀉而出的人群給圍困，這群人想要封阻止軍隊進入城市。於是陳光的轉捩點來了。「沒覺得好玩兒了，」他回憶道，「覺得這是真的了。」

上前包圍卡車的人都是學生跟普通民眾。他們試圖提出各種反對使用暴力的理由，還進行了一連串的講談，一個人接著另一個地站出來發言，以此對抗這群士兵在軍營中一直接收的政治教育洗腦。活動持續了一天一夜。晚上，學生和市民就在地上鋪報紙，睡在解放軍的卡車輪子正前面。他們告訴士兵，軍隊的職責應該是保護邊境地區，確保中國領土的安全，而不是派來首都，首都並不需要軍隊。一群認真的學生和善良的奶奶聯合起來，吵著懇求著坐在卡車裡的年輕人們，不要對中國老百姓使用暴力。士兵接到命令不准回應，他們擁擠得塞在卡車裡，只能輪流找位子坐下。

陳光從來沒有想過會碰上這種場面。「感覺那個氣氛並不像動亂，」陳回憶道，「學生挺熱情的，而且他們笑得很燦爛，精神很飽滿。」三天四夜過去了，大家越來越清楚，解放軍的上級並沒有針對這個突發狀況做任何準備，也沒有制定下一步戰略。每個士兵只帶了一個麵包捲。一開始的時候，軍隊拒絕學生提供的食物，但隨著時間不斷延長，他們開始耐不住飢餓。「有一些人開始接受，」陳回憶道，「因為學生很熱情，一定要給你。你推辭半天感覺不好意思了，就收下了。」老百姓提供一些泡麵、麵包、水果和礦泉水給這些心存感激的部隊，慢慢地，圍困者與被圍困者之間的高牆瓦解了。

幾天過去，群眾漸漸對反暴力的單一訴求感到厭煩，他們開始改變演講的主題。陳光還記得聽過一段即興演說是在講生命的意義，後面一場演說則是關於貪腐在中國蔓延。這種意想不到的公民教育，開始對陳光產生了影響。「你突然間感覺到那麼不理解這個社會。中國會有那麼多腐敗的人嗎？那麼多不公平的事情嗎？你突然會意識到這些問題。因為之前，你是沒有這種意識的。儘管你不能和他對話，但是學生說的話在你腦子裡還是起作用的。」每當陳光在心裡產生疑問時，他們就會引出另一些他從來沒考慮過的其他問題，反過來又讓他更加疑惑。「你說軍隊是強大的，但我感覺不到軍隊的強大。其實你感覺到很沒有辦法。」

慢慢地，士兵開始鬆懈下來，放下警惕開始與老百姓談論他們的家鄉與生活。在某個時間點，解放軍顯然是擔心他們的關係越來越友好，他們竟開始從直升機空投傳單，警告士兵不要相信謊言，要保持堅定。學生們攔截了這些傳單，希望不要讓這些傳單落到士兵手中。那個時候，軍隊不斷警告要對抗別有居心的搗亂分子，這跟陳光親眼所見的經歷之間存有巨大的落差，落差大到他無法跨越。「你就會懷疑這些學生裡哪個是壞人，但是你很難說哪個是壞人，因為每個人都感覺很正常。」

終於，有命令下來了，要軍隊返回石景山的軍營。但這一點都不像一次羞恥的撤退。北京人在士兵撤退路線上，沿路施放鞭炮。軍隊釋然的心情以及學生們的歡欣之情，讓現場營造出一種像是在慶祝打勝仗的氣氛。沿途經過的建築物上甚至還掛了標語，像是「解放軍受命前來，我們支持你們」還有「北京沒有混亂，你們回家吧」。

陳光部隊的這種經歷並不特別。至少有七個師在大約同個時間，試圖進入城市實施解嚴令。[5]他們原本奉令從西部、西南部、南部、東部及北部匯集到首都。[6]但所有人都被老百姓用人海給擋住了，最終被迫撤退，有些甚至連返回基地都有困難。人民起來對抗軍隊，而且光是靠著他們的身體與腦袋就成功了。對學生來說，這是一場巨大的勝利，表明了他們的行動已經變成群眾運動。他們認為，這相當於政府承認自己失去了人民的信任，而人民是賦予統治權（傳統的「天命」）的一方。根據儒家孟子的說法，上天賦予統治者統治的權力，但是「天視自我民視，天聽自我民聽」。7

然而，人民的勝利稍縱即逝，只是讓中央政府更急著要重新控制大局。戒嚴令並沒有解除。部隊回到駐紮區後，接下來的十天都在強烈的思想教育迷霧中度過。他們的唯一任務就是聽講座，被告誡說北京有動亂，而他們保護首都的任務至關重要。然後，第二道命令下來了：保衛天安門廣場。

開槍之夜

陳光第一次跟我說他的故事的時候，刻意避開了那個漫長夜晚的過多細節。他只是一點一點地透露他在六月四日的任務。下一次我們見面的時候，我拜訪了他的新家，位於北京東邊十六英里的一個簡樸農村宋莊，這個地方試圖將自己塑造成一個藝術中心。

這個村子的路邊沒有農民在賣西瓜，只有藝術家蹲在塵土中，兜售拙劣的梵谷複製畫，或是用歪歪扭扭的線條繪製成的毛主席喝茶圖。藝品店已經取代了其他所有商店，在這裡購買帶有金色斑點的宣紙竟比買水果等食物要來得容易許多。各種名堂的藝術博物館如雨後春筍般冒出，光是從它們的名字就可見一斑，例如：捷克中國當代藝術館、國防藝術區、非洲藝術博物館。但即使是最大最閃亮的宋莊美術館，在我最近幾次的拜訪期間都空無一人，門是鎖上的，窗戶也積滿了灰塵。這些荒涼的展覽空間證明了「只要蓋了，人就會來」這種中央政策思維的失敗。政府在宋莊投資一千三百萬美元打造「文化創意產業」群集，吸引了大約四千名藝術家，但這些藝術目的似乎沒有帶來相對的經濟價值。[8]

陳光的新家就藏在一道亮藍色波紋的鐵柵欄後方的一處建築工地內。這裡人煙罕至，一條黃色的泥土路，只有運貨卡車會來。不過在看不見的遠方是另一排漂亮的三層灰色磚房。雖然他無法在中國展示他的作品，不過顯然在海外的銷售成績相當不錯。因為他剛剛買了兩間相鄰的廠房工作室，有二十五英尺高的天花板和別緻的夾層陽台。他的工作室就夾在兩個建築工地之間，是一個明亮、通風的避難所，讓他遠離公寓後方十幾棟拔地而起的十六層樓房所發出的錘擊與鑽孔聲。

在工作室裡，兩幅估計有數十年畫齡價值的畫作靠在牆上，外面小心地用氣泡包裝紙保護著。它們都代表且增強他那晚的記憶。我們啜飲著綠茶，他不停地抽著菸，終於開口向我訴說他的故事。

軍隊準備偷偷潛入北京。六月三日，一輛滿載著平民服裝的卡車抵達射擊場。當局決定，下一次進入北京的任何嘗試都不會再像之前那樣失敗收場。上頭下令讓每個士兵挑選一件平民服裝來穿，好隱藏真實身分。陳光選了一件深藍色長褲和一件灰色上衣。這些身穿便服的士兵不像之前那樣坐卡車進入首都，而是受令去搭乘地鐵、公共汽車，甚至用步行的方式前往北京市中心。集合地點就是天安門廣場的人民大會堂，要在當天晚上六點之前抵達。

當時，陳光正在服用抗生素治療哮喘與腹瀉，他的上級擔心他沒有足夠的體力獨自抵達廣場，便命令他乘坐改裝的公車前往天安門廣場。當陳光看到改裝的公車時，他注意到所有的座椅都被移除，騰出地方來放一箱箱堆在窗台前的槍枝彈藥。陳光蹲坐在木板箱的旁邊，他是車上唯一的乘客。他第一個反應是鬆了一口氣，因為有便車可搭，不用怕在這個陌生的大城市裡迷路。

公車緩緩駛入北京。它只被一群學生阻擋了一次；這群學生只是敷衍地往裡頭望了一下，就放行讓它繼續往前開。當時他沒想過自己有多麼幸運。事實上，他的旅程相當順暢，他是第一批抵達人民大會堂的人之一，抵達目的地時才下午三點三十分，比約定集合的時間早了兩個小時。他受命打開車廂，將槍枝分批走私進人民大會堂。他每趟都抱著五六把衝鋒槍，到最後他的手跟衣服都被塗上了一層油脂，這些黑色油脂是在打包時保護槍枝用的。當他把槍搬運到寬敞的中庭時，便看到那裡擠滿了正在找尋自己小隊的便衣士兵。他們一找到自己的小隊，就會拿到各種顏色的布條，用以區別不同的部隊。直到可以穿回制服之前，士兵們都要將布條別在手臂上。陳光曾在電視新聞上看過人民大會堂，畫面是一排排坐得整整齊齊的代表，一齊在全國人民代表大會的年度會議上彬彬有禮地拍手致意。所以當他見到這個神聖的地方竟擠滿了武裝的士兵時，突然覺得自己好像從某個縫隙掉進一個無法理解的世界。

下午六點左右，已換回制服的陳光的部隊被賦予了新的任務。他們受命去搶救罪犯從車上偷走的軍火彈藥，那一輛公車被扣押在電信大樓附近，靠近長安街西單十字路口。他回憶，「我當時才感覺到很可怕。」那時他突然得知，一名跟他一樣負責護送武器的士兵，在進入北京市中心時被人發現了。

翌日他聽說，在六月四日的清晨，一位名叫劉國庚的二十五歲士兵在取槍地點附近被一群暴徒謀殺。中國國營媒體把他的屍體當成一個宣傳圖像，用來描繪戒嚴部隊碰上了危險；劉焦黑的屍體被吊著脖子掛在一輛發黑的公車上，他全身赤裸只著襪子，頭上則戴著一頂未被燒毀的鋼盔。他立刻被追封成烈士。電視新聞播出國家領導人安慰著他家中哭泣的父親的畫面。

官方報導指出，示威群眾在長安街口攔截一些載著彈藥準備前往後方支援的車輛，劉的部隊也被包圍。[9]當劉發現問題的時候，他折返回來想要幫助他的小隊。關於這段歷史，官方批准的版本發表在一本名為《北京風波紀實》的書中，書中內容稱：「一群暴徒猛撲過來，磚頭、瓶子、鐵棍雨點般地打在他倆的頭部、胸部，司機當場被打昏，劉國庚被暴徒用極其殘忍的手段殺害後，又被暴徒焚燒，並將遺體吊在一輛大轎車上。

此後，一名喪心病狂的暴徒又將烈士遺體剖腹。」[10]這是兇殺案發生不久之後，一個相當惡劣的宣傳計畫的一部分，這段時間政府試圖用官方版本來蒙蔽整個國家。

街頭巷尾流傳的是另一個說法，劉用他的AK47殺害了四個人，然後在他彈藥耗盡的時候被群眾打死。[11]事實上，他被吊在公車上的照片被人刻意截去了一部分，在那輛滿是塵土的公車側面其實還潦草寫著幾句標語：「他殺死四人！殺人犯！人民必勝！血債血還！」[12]這一幕讓陳光相當震撼。他運送武器時搭的就是同樣類型的公車，如今公車上卻吊著一具士兵的屍體。「他和我一樣也是押送槍枝彈藥的。」他相當篤定地告訴我，不覺得他們兩人做的事情完全不一樣。

六月三日晚上，陳光的部隊在接到奪回武器的命令之後，從人民大會堂西側的後門出去，結果又被激憤的群眾用人海戰術對付。陳光與他的部隊被包圍得動彈不得。示威群眾除了繼續對他們說教，還做了一些別的事，「不知道從哪兒飛來的磚頭、酒瓶子砸到我們頭上。有的當兵的被砸得滿臉是血。我們這些軍人互相抱得很嚴實，你抱著我我抱著你，頭挨著頭。那些磚頭和酒瓶子就從我們的頭盔上滾出去了。」

部隊沒有接到下一道指令，所以他們只能盤腿坐在大廳外面。有段時間，他們甚至唱起歌來對抗包圍他們的人，這個滑稽的競賽可能多少讓學生們產生錯誤的安全感。士兵們拉開嗓子大唱軍歌，試圖蓋過學生們演唱的共產主義國歌《國際歌》*。大約三個半小時之後，約莫九點半左右，士兵接到命令退回人民大會堂內部。當全員在裡頭等待的時候，不時有磚塊砸上窗戶。

然後一段高壓的緊張局勢開始。戒嚴部隊在通往廣場的大門後方排成一排，等待命令。午夜時分，彈藥已經分發下來，每個人四條彈匣，每條彈匣有五十到六十發子彈，一條上膛，另外三條掛在他們的胸前。「當然害怕了。」陳光說，一邊又倒了一杯散發清香的綠茶，手在發抖。「沒有子彈的時候你拿著那個槍，它是沒有任何意義的。甚至還沒有拿把菜刀危險。但是你要壓上子彈了，就很危險了。」

氣氛相當緊張，常常發生擦槍走火的意外，子彈射穿大廳的天花板。「從九點半我們回來進去之後，他們又馬上說要去廣場。從九點、十點、十一點，到十二點，一直說要出去。但我們就一直在等，在等，站在哪兒，抱著槍，一直在那兒等。」

陳光已經等到失去時間概念，門突然被打開了。命令下來說要清理廣場。當他跟著他的小隊站在人民大會堂前的階梯上時，允許開槍的消息一排一排傳了過來。「那時候不是直接的命令，就是前面的軍人告訴後面的軍人說，如果遇到危險的情況，可以開

* 譯註：《國際歌》（*Internationale*）：一八八八年由法國共產主義者及家具工人狄蓋特（Pierre De Geyter）譜曲，巴黎公社的鮑狄埃（Eugène Edine Pottier）作詞，後來被翻譯成多國語言，是國際共產主義運動中最著名的一首頌歌。一九二〇年代，《國際歌》中譯版被中國共產黨作為國歌及黨歌。

槍。說上面有命令。就是一個傳一個，一個傳一個，這麼說的。」

陳光緊握著他的槍，手不斷地發抖。隊上其中一個長官看到陳光這個樣子，認為他不太適合上前線執行任務，於是塞了一台照相機到他手中。他跟隊上的攝影師一起工作，那個攝影師正扛著一台笨重的攝影機。陳光回到大會堂，從大理石階梯爬上屋頂，他從那邊拍照，聽槍火聲逐步逼近，遠處的部隊正向著城市的心臟——天安門廣場——奮力邁進。他看見下方的士兵們在開火。不過，從他的角度看不出士兵是在對空鳴槍警告，還是直接向學生們射擊。只見渺小如螻蟻的學生們，緩慢地向人民英雄紀念碑的方向撤退去——那是一根位於廣場中心附近有十層樓之高的灰色柱子。部隊向群眾繼續進逼，坦克車則從東西兩側夾擊。

當陳爬下大理石階後，他發現人民大會堂的一樓已變成了臨時的戰地醫院。數百名受傷的士兵躺在地上，許多人血流不止，旁邊有護士在照料。

他還無法理解他從相機觀景窗看到的劇變。他之前在卡車裡被人群攔截的時候，偶爾也會有相同的困惑一閃而過。「心裡也會有矛盾。因為會看到那麼多受傷的人躺在大會堂的一層。你會覺得，『怎麼會發生這麼大的事情？』」

在戶外，他目送最後一批學生（大概幾千人）從東南角離開廣場。陳後來才知道，學生們是用喊聲投票決定是否留下或離開。雖然兩方音量差不多大，但最後還是決定要退場。陳光大大鬆了一口氣，儘管他已經目睹了這麼多死傷，但他相信任何嚴重的生命損失是可以避免的。他繼續看著一台裝甲車撞毀民主女神像。數天前，一群藝術系的學生在此樹立了這尊自由女神的姊妹雕像，它迅速成為這場運動的象徵。雕像在第一次撞擊後沒有倒塌，只是搖晃了幾下。三四次撞擊之後，它才慢慢倒下。然後陳光看到一排的裝甲車從幾個小時前學生們待著的帳篷上疾駛而過。陳光堅稱，他在廣場上沒有看到任何人被殺害，無論是平民或是軍人。他自己本人也未曾開槍。

太陽升起後，北京市中心變成了戰區的情狀更顯而易見。廣場上隨處可見被燒毀的裝甲車和坦克。長安街兩側的一些樹木曾起火，人行道旁的黑色樹幹還在冒煙。甚至連用來分隔人行道的欄杆都被煤煙燻黑了。儘管如此，陳光激動的情緒已大大平復下來。他曾聽到過槍聲，但仍然認為廣場是在沒有任何重大傷亡的情況下被清空的。那天早晨七點左右，陳光因為疲憊和放鬆而沉沉地睡了兩個小時。

接下來軍隊的首要任務是，抹除一切發生的任何痕跡，讓廣場恢復平常。逃難的學生們留下的東西全被堆成一落落地焚燒，有被砸壞的腳踏車、一袋袋的個人物品、帳篷、抗議布條以及皺巴巴的演講稿。那時還下起了雨，黑色水流從被燻黑的物品堆中流出，漫過整個廣場，染黑了地面。陳光用相機拍下了這些景象。他保留了一些底片，有一些則出於某種他無法解釋的理由給藏了起來。

也是在那時候，陳光發現了一樣東西，讓他日後一直念念不忘。那是一條女人的髮辮，被人用一個紅色橡皮筋固定住，纏在一輛腳踏車的輪子上。這個年輕的女人是誰？那天早上她梳頭，並小心翼翼地編髮辮時，她心裡在想什麼？這條髮辮在什麼情況下被剪下來？髮辮的主人現在又在哪裡？大雨滂沱，士兵起的火堆冒出火舌吞噬了那條髮辮，發出嘶嘶的劈啪聲。

四分之一個世紀後，那一刻的回聲仍不時地在陳光的作品裡徘徊。他最新的一系列肖象畫是畫人們被剪去頭髮後，濕漉漉的髮尾披在他們的肩上。畫作細節精緻得像是相片，效果很令人毛骨悚然。這些照片出自於二十五年來一直懸宕著的愧疚感，亦是來自一個人在天安門事件後的創傷後壓力症。

孤獨的藝術家

六四之後幾個月內，陳光憑藉著他一幅梵谷《向日葵》的臨摹畫，獲得了轉進軍事藝術學院修讀的機會。一九九二年，他考上了中國最好的藝術學校——北京中央美術學院，離天安門廣場幾步之遙。當年極具象徵意義的民主女神雕像就是出自這個學校的學生之手。在學院裡念書的三年間，除了幾個親近的朋友之外，陳光對自己的過往軍隊經驗一概不提。「不是害怕，我就是不想說。不想提這些事情，也不想想這種事情。」

他否認這個經驗否認了十五年，然而那天發生的事一直時不時地浮現在他的腦海中。一開始，他致力將他在六四屠殺事件之後攝影下來的畫面，用油畫的方式重新畫下來。例如天安門廣場大火吞噬成堆垃圾的畫面；一根底部冒火舌的燈柱，矗立在一片廢墟之中；士兵在廢墟中分類殘骸，他們的槍枝隨意地掛在背後。他把一張那天清理工作中拍下的照片放在一個木箱裡。然後將木箱漆成白色——白色在中國是哀悼的顏色。照片周圍鑲滿鏡子碎片，所以任何人往裡頭看的時候，都會看到他或她自己的臉被支離破碎的毀滅倒影給包圍。他相信，這就是他告解的方式。

他的戰友們很難理解陳光的畫作，這似乎不是那麼令人意外的事。他們懷疑陳光是在利用創作來汙辱政府。他們之中許多人現在都已經晉升到政府官僚機構的高階職位，部分是因為他們在六月那天的行動得到一些榮譽。「因為他們參加過『平息暴亂』，按當時中國政府的說法。有的提幹了，有的被分配了很好的工作。」陳光這麼告訴我。幾乎沒有人質疑過鎮壓是否是對的。「他們完全不認為這個事情是不好的。他們覺得是必須的。到現在，他們還認為是必須的。」

甚至他的藝術家朋友也曾希望陳光能夠換畫別的主題。在中國這個資本主義浪潮中不斷膨脹的藝術泡沫裡，他的決定等於放棄賺錢的機會，轉而去描繪國家近代歷史上最令人神經緊繃的經歷。旁人都覺得陳光固執、叛逆，而且根本是怪人。更不用提，他的選擇帶有明顯的反抗，迫使觀畫者承認那些大多數人都不願記憶的事件是存在的。他很清楚，走這條路是有代價的。「你肯定會付出很大的代價。但是你發現那個世界已經不屬於你了。中國的主流社會已經不屬於你了。」他的作品帶有某種政治本質，無法展示出來、發布到網路上，甚至可能會有人向當局舉發他。因此，陳光將自己與藝術圈隔絕開來。他沒有結婚，也沒有孩子。他覺得要建立親密關係很困難。他的工作——以及這個工作所需要的孤獨——不利於發展人際關係。在那個六月的晚上，他有可能做出不一樣的反應嗎？這是陳光一直難以回答的問題。「肯定有內疚感。」他承認，「時間長了，你會發現有很多事情你是可以不做的。」但即使真有其他選擇，在當時這位涉世未深的十七歲士兵也並沒有意識到這點。他被訓練得太好了，他的工作就是服從，逃兵的想法從未有過。

陸軍少將徐勤先

然而，確實有一些士兵起身反抗。陸軍少將徐勤先就是最著名的良心犯，他是堪稱最精銳的部隊——中國人民解放軍陸軍第三十八集團軍的軍長。五月中旬，當時軍隊運輸受到群眾阻撓陷入困境，少將拒絕支持派軍入城。徐勤先關於事件的證詞這二十幾年來都不曾曝光過，我是從前新華社資深記者楊繼繩那輾轉得知。楊繼繩總是抱持著追求歷史真相的無畏精神。他跟徐少將見了兩次面，訪到非常完整的口述報告。[13]

一九八九年五月，徐少將躺在醫院治療腎結石的期間就一直在關注抗議事件，他反對派中國人民解放軍去打壓抗議學生。五月十七日，他因消除了一顆腎結石感到開心，同時北京軍區副司令員李來柱通知召開一場指揮官會議。李副司令宣布口頭命令要動員軍隊，並要求每個軍長表態支持。在場所有的軍長都服從了命令，唯徐勤先除外。他表示無法執行口頭命令，需要書面命令。李來柱回應：「今天沒有書面命令，以後再補。戰爭時期也是這樣做的。」徐勤先說：「現在不是戰爭時期，口頭命令我不能執行！」李來柱要他打電話給他的政委——由共產黨指派的政治官員——傳達他的決定。他說：「我傳達了，我不參與，這事和我無關。」然後隨即返回醫院，那裡是中國陷入政治危機時一個合適的避難所。

徐勤先告訴他的朋友，他已經有因違抗命令而被殺頭的準備。「寧殺頭，不做歷史罪人！」他回到醫院不久之後就立刻被逮捕了。他被開除黨籍，坐了五年牢。他在秦城監獄待了四年，那裡歷年來關押了中國許多著名的政治犯。他最後一年則是在一間公安醫院度過。出獄後，他被安排在河北省石家莊過退休生活，仍領有副軍職的待遇。自那時起，他一直生活在國家的監視下，沒有什麼自由。在多年前與楊繼繩合影的照片裡，徐勤先看起來不像是一位將軍，反而像是一位略有福態的退休公務員，坐在一個乳白色皮製沙發邊上，眼睛被一副寬寬的墨鏡遮住。[14]之前好幾任領導人都很喜愛戴這種樣式的墨鏡。

徐勤先只有對外現聲過兩次談他的過往，一次是接受楊繼繩採訪，一次是上國外的電台。因為那兩次極短的訪談，他原來被限縮的自由被取消了。從那以後，他被押送至醫院，暫時被限制訪問北京。「他很謹慎。」楊繼繩說，「他說話很謹慎，不是隨便說的。」楊繼繩肯定一件事：徐勤先從不對因為抗命而犧牲事業與自由感到後悔。他身為最資深的軍官，拒絕違背自己的良知，至今二十五年後，他仍是相當有影響力的象徵人物。

徐勤先並不是唯一一個拒絕服從命令的軍人。在一段機密談話中顯示，有二十一名師級或以上的指揮官以及九十名其他級別較低的軍官「在六月粉碎反革命暴亂的鬥爭中，嚴重違反軍紀」[15]。然而，第三十八集團軍長的反抗行為對普通士兵在廣場上的遭遇產生了深遠的影響。

另一位來自不同師的退伍軍人向我描述了他部隊領導突然改組的狀況。新的領導人是在派往天安門的幾天前才被任命。他描述六月三日的晚上，宛如一場反烏托邦的噩夢：老百姓們一邊哭泣，一邊看著軍隊分發彈藥；年輕的士兵驚慌失措地步行入城，走在前方的士兵對空鳴槍示警。清場後，每一位他隊上士兵都奉令交出彈藥，讓他們的武器成了虛有其表的裝飾品。不過，這位退伍軍人還告訴我，他曾看過一位軍官，由帶著機關槍的隨扈陪同來訪，但他們視察的部隊都沒有彈藥。他相信領導層對其部隊的忠誠開始有些猜忌，中國人民解放軍正採取各種必要的防患措施防止反叛，或是更糟的狀況——嚴重的倒戈。

官方說法

陳光對六四懷抱著痛苦內疚，中央軍事委員會主席鄧小平可沒有這種心態。鄧小平最終掌管了軍隊。他女兒後來告訴傳記記者傅高義（Ezra Vogel）說，父親從來沒有懷疑過他所做的正確決定。[16]鄧小平小心翼翼地為此事做足準備。他迫使每一位軍事指揮官都要表態，意思是表明對戒嚴令的態度——這是一場忠誠測驗，而徐勤先失敗了——藉此確保每一個人都跟暴力鎮壓脫不了關係。

鄧小平在鎮壓行動後的首次公開露面是在六月九日，大屠殺事件五天之後，他向部隊表示祝賀。*這個舉動意義深遠。他率先對死去的士兵表達哀悼，卻不曾將這份敬意

---

* 譯註：鄧小平於一九八九年六月九日接見戒嚴部隊時的演講稿，可參閱：http://zg.people.com.cn/BIG5/33839/34943/34944/34947/2617562.html（查閱時間：2018.11.19）

擴展到被他的軍隊殺害的人民身上。接著，他將群眾示威運動的性質定位成「反革命暴亂」，其目的是要推翻社會主義，建立一個「完全西方附庸化的資產階級共和國」。鄧小平的演說確立了黨的正統性，抗議與壓制都是無可避免的。[17]「這場風暴遲早會來。」他宣稱，「只不過是遲早的問題，大小的問題。」

鄧小平在對戒嚴部隊的演說中，不僅僅只是代表領導階層表示感謝而已。四分之一個世紀過去，這套鎮壓之後發表的演說，儼然是他的生前遺囑，闡明了中國未來的政治方向。鄧小平強調，雖然中國經濟改革與開放應該要繼續加快腳步，但是這不代表政治自由化也要同樣地快速發展。鄧小平還為加強維安機制奠定了理論基礎：「今後，在處理這類問題的時候，倒是要注意，一個動態出現，不要使它蔓延。」[18]

多年來，北京當局逐漸軟化它的說詞，隱瞞及弱化學生運動帶起的熱烈風潮以及隨之而來的鎮壓。鄧小平口中的「反革命暴亂」，隨著時間流逝漸漸變成了單純的「暴亂」，然後又變成了一場「政治風暴」。如今，如果有人提起，通常都用「六四事件」這個以溫和著稱的稱呼代之。大屠殺發生剛好一年後，美國廣播記者芭芭拉・華特斯（Barbara Walters）詢問了時任中國國家主席江澤民，他是如何看待一九八九年的事件。他回答：「無事生非。」[19][20]

儘管措辭已經改變了，但是中共對事件的官方評價卻絲毫沒有讓步。從外交部發言人洪磊在二〇一三年紀念日上的發言便可見一斑。他說：「有關一九八〇年代末發生的政治風波已有明確的結論。」[21]類似的觀點年復一年不斷地重複，無視外界如何周而復始地盼望，盼望新的領導人提出平反的可能。

那次天安門事件後的首次公開露面上，鄧小平反覆地表揚戒嚴部隊，他說：「人民子弟兵真正是黨和國家的鋼鐵長城。」[22]陳光對那段時期的回憶則描繪出完全不同的畫面。當鄧小平向軍隊道謝的時候，陳光的部隊卻依舊駐紮在人民大會堂，在地板上睡覺。部隊鎮日飽受飢餓的煎熬，因為那個時候，他們所有的口糧都是由直升機空運過來，一天只有一袋泡麵，還得三個人分著吃。陳光說，那些飢餓難耐、精疲力盡的士兵對物資短缺的窘境感到震驚和不解。

類似的情節也出現在中國人民解放軍出版的《戒嚴一日》，書中生動地描繪了當時擁擠的人民大會堂，士兵們只能吃少量泡麵三天後的情景，「戰士們正受著饑餓的折磨。有的互相依偎著，有的側臥著，有的蹲著，有的盯著天花板在想什麼。」這篇文章的作者是一名軍官，他描述自己如何依著哭聲循線找去，看到一名年輕的士兵餓得淚流滿面，膝蓋緊貼在胸前，身體蜷成嬰兒一樣躺在地上。在一次鼓舞士氣的談話上，上校對士兵們說：「這場戰鬥是複雜、嚴峻的。我們不但要不怕死，還要不怕苦。現在饑餓在考驗著我們，師領導和機關的同志同你們一樣，都在挨餓。」[23]

不過，這種說法不盡然是事實。據陳光的說法，軍隊的上級軍官仍駐紮在人民大會堂，他們的糧食供應相當充足，甚至還有女服務生推著餐車送上食物，食物放在玻璃盅裡保溫，底下鋪著白色餐巾。當女服務生的高跟鞋在大理石地板上喀啦喀啦響的時候，士兵們的口哨聲從一樓傳到二、三樓，在整個人民大會堂裡迴響。目睹這樣的場景，不禁讓陳光思考起社會結構的問題，關於中國的特權階級如何在老百姓的默許下運作，以及這些特權階級如何在軍隊中變得根深蒂固。

陳光形容當時的心情相當憤怒、苦澀。士兵們撕碎地毯，捆捲成棒，威脅著要拿地毯棒當作武器。「跟戰場是一樣的。」他說。苦笑著想起當時果腹的口糧。他總共在人民大會堂裡住了十天。往後十年間，泡麵的味道都會讓他想吐。

非法建物

我最後一次到宋莊的那天，天空下著毛毛細雨，看上去比之前更鬱悶。路邊的藝術家都消失了，街上顯得出奇的空曠。好像有某個東西不見了。我花了一點時間才搞清楚是什麼東西。原來是喧鬧聲不見了。曾經無所不在的工地嗡嗡聲與嗞嗞聲停止了。建築工地一片寂靜。大部分施工到一半的建築物上都懸掛上巨大的白色布條，上面印著紅色的字，寫著「此建物屬違章建築，已被政府查封」。布條上還寫著警告，購買「小產權房」*不享有任何法律保障。

這種事我在中國二十多年來不曾見過。在中國蓋房子，需要事先申請許多張許可證。如果沒有先知會相關政府部門，這些建物應該都不可能開工。我問過的人都不相信官方的說法。這些公寓似乎是某種折衷方案，城市的買家可以用便宜的價格購買這些蓋在農地上的公寓。作為交換，他們必須放棄一些產權。這嚴格來說是不合法的，但儘管不合法，卻在中國各地隨處可見，據估計，這類房產占所有在建物業的五分之一。[24]在宋莊，因為最近發生了一場政治洗牌，所以政府開始打擊這種做法。大多數的人認為，這項取締行動基本上受政府撐腰，讓地方官員有辦法從房地產開發商那裡搾取更多資金。每個人似乎都認為，這些半成品建築被拆除的可能性幾乎為零。

陳光新居周圍的建築工地變得沉寂無聲。他後窗外的巨大建物被白色布條籠罩，給人一種悲傷的氛圍。陳光嘆了口氣，這是在中國生活的其中一個痛處。在沒有任何警告的情況下，政策隨時可以被推翻。他把多年藝術創作的積蓄都用來買了他的工作室，為擴大事業又在鄰近地方購置了另一間工作室上。現在它們的周圍突然都成了非法建物。

---

* 譯註：小產權房是指在集體土地上私蓋並非法銷售的房屋。沒有繳納相關稅金，沒有官方承認的產權，也沒有申請國家頒發的房地產開發及銷售的許可證。因價格低廉，近年數量大增，通常見於城市與農村的交界處。但由於不具法律效力，屬違建性質，常遭官方取締。

他會擔心嗎？我問他。「中國的現實就是這樣，」他笑著說，「擔心也沒有辦法。」他覺得自己的處境跟其他任何一個在宋莊的藝術家一樣安全。

我們面前的牆上掛著一幅大型照片，上頭是一個年輕模樣的陳光，旁邊是一位七十五歲的老人。兩人都光著上身。老人的一隻胳膊摟著陳光的脖子，另一隻撫著他的乳頭。陳光決心要用藝術打破禁忌，曾一度跟一百個不同的人發生性關係。陳光說，這段特別的表演藝術都跟政治有關。這位老人是一位歷史教授，也是幾乎每場席捲中國當代歷史的政治運動下的受害者。一九六〇年代和七〇年代的毛主席文化大革命期間，他曾兩次被送去勞改營，然後因為他的背景而被禁止工作謀生。圖畫中的人物是一位來自中國歷史上最可恥的時期的年邁受害者，正用身體擁抱了一個有著不同憤怒的年輕加害者。不過，陳光說，他們兩人都有錯，「我們都是社會的參與者。如果在你的生命的過程中能生活地比較幸福，從宗教意義上說，你是有罪的。」

陳光和這位年長的歷史教授是少數幾個承認過去，而不是迴避的人，他們用自己的方式面對歷史。陳光認為，對很多人來說，把事情忘掉比較簡單。「人特別容易遺忘，因為他沒有從內心清理自己行為的過程。中國的政治教育就是讓你遺忘——遺忘這個政黨不好的地方，只記住好的東西。所以對個體會產生巨大的摧毀作用。因為他們只知道什麼東西對自己是有利的，這會導致一個國家的民眾像動物一樣生存。為了掠奪自己的利益，什麼都可以不顧：對內心的，對文化的，對自然環境。」

我們坐在他的公寓裡，周圍是建了一半的違章建築，一切都沐浴在霾害的白色煙霧中。霧霾經常吞沒中國北部大半個地區。他的論點在這個情境下聽起來非常有說服力。他相信，政治在中國就像空氣。「你不呼吸的話，你要死掉。你呼吸，就會沾染上這種病毒。空氣遭到了汙染，你難道就不呼吸了嗎？」

與勝利者站在一起

說回一九八九年，當時陳光的部隊完成清理六月四日的現場之後，他們下一個任務就是塑造這場鎮壓行動的公眾形象。他的部隊在北京又待了兩個月，住在前門的一家賓館，毗鄰天安門廣場。主要任務之一是打好公共關係；大約七到八人一組進行類似慶祝的繞場活動，拜訪各校園及居民委員會，重申部隊在鎮壓反革命暴動中的職責。出乎陳光的意料，他們被當作戰爭英雄般接待，學校校長大張旗鼓地介紹他們，學生們還親自向他們道謝。

還有另一個任務，也是他最討厭的任務，就是參與警方搜捕「反革命分子」的行動。士兵們仍帶著他們的槍，有時他們甚至被鼓勵開槍來打擊驚恐畏縮的目標人士，其中大部分是學生。這是宣傳活動中必要的恐嚇手段，並且利用各處的電視台大量播出武裝警察與士兵圍捕「暴徒」的畫面。這些人身上有明顯的傷痕，這是他們抵抗的代價。「當時，我們認為這些人肯定是不好的人，」陳光說，「只有不好的人才會被抓起來。好人是不會被抓進來的。」

最讓陳光感到震驚的，是人民對戒嚴部隊態度的轉變。儘管他們負責平定近代史上最大的抗議活動，對北京投下了震撼彈，但他卻沒有感受到針對他或是他的戰友的一絲惡意或恐懼。居民們甚至常常給他們送一些食物和飲料之類的禮物，讓他對當地人的殷勤奉承感到困惑不已。「北京市民突然間對軍人變得很好，」他憶起。「我反思了很長時間。這讓我疑惑，這是為什麼？六四的時候這些市民都支持學生，但為什麼一夜之間他們又去支持當兵的了？」

陳光掙扎著想要理解，何以曾經使用人海戰術，以肉身阻擋解放軍動線的北京人，如今卻開始爭相送禮給部隊。他不相信這種巨大轉變是出於恐懼，更可能的解釋是出於更深層的渴望（甚至可以說是需求），不管代價如何，都要站在勝利者的那一邊。「中國人長期在這種體制下生存，養成的一種生存方式。只是為了生存，一切都得聽上面的指示。」

放在陳光新客廳的一個書桌抽屜裡，小心翼翼地收藏著官方致贈給所有「平亂」者的紀念品。他將紀念品拿出來給我看。裡頭有一本紅色的線裝小書，標題寫著《首都衛士》，刊了一排排士兵聚集在廣場上的照片，圖片說明寫道：「我們永遠是人民利益的捍衛者。」其中一張照片裡，有兩位女學生崇拜地仰望一位戒嚴部隊士兵，羞怯地撫摸士兵的步槍。另外還有一枚中央軍委頒的鍍金紀念章，天安門城門的圖騰疊在一顆星星及一個花環上，正上方寫著「首都衛士」。然後，就是那只紀念錶了。

陳光細心保管這些揉合了榮譽感與罪惡感的紀念品，正體現了一直困擾著他的矛盾情感。他知道，自己將用餘生來畫出那些定義他的存在的經歷。身為一位打破禁忌的藝術家，他希望能與中國人民一同好好談談天安門事件的真相。然而，他要如何用無法公開展示的藝術，讓人民去正視一件大多數人都不記得的事呢？這是一個無解之題。

第二章

留下來的人

「那就像跟我老婆談八九的事。沒有用，我就像個蘇聯老兵似的。」

——張銘

張銘已經習慣了他那副長相會嚇壞小孩子。他瘦骨嶙峋、兩頰深陷，輕手輕腳地穿過米白色的旅館大廳，彷彿他的骨頭是玻璃做的。他的額頭上有兩個大大圓圓的紫紅色瘀青，各在一隻眼睛上方。「小孩兒都覺得我有四隻眼。」他說著，淘氣地露齒一笑。這兩顆顯眼的圓包看起來出乎意料地很對稱，很容易讓人分心。我在長時間的交談中，有好幾次都發現自己正盯著他額頭上的紫色圓球看。這兩個瘀青是「拔罐」後留下的——拔罐是一種中醫療法，利用加熱的玻璃瓶吸附在皮膚上，清除皮膚中的毒素。對張銘來說，這是唯一能減輕七年牢獄留給他的劇烈頭痛的方法。

中國政府在六四之後公告的二十一名通緝學生名單中，張銘排名第十九位。諷刺的是，他曾認為自己是最不可能參與學生運動的人，因為他其實對政治一點興趣都沒有。但由於被捲入了歷史的漩渦中，自此再也無法脫離。像許多曾在學生運動中扮演重要角色的人一樣，即使過了二十五年，張銘仍然處於迷惘之中。他曾試圖拋去他的過往，卻失敗了，而他的身體永遠無法從他過去的大膽行徑帶來的傷害中康復。他不斷地想起一九八九年發生的事，不斷地為舊問題找新解答。

張銘對我說的第一句話，便是要求我協助確認一九八九年五月十七日在最高領導人鄧小平寓所召開的中央政治局常務委員會的確切時間，這場關鍵性的政治局常委會做了實施戒嚴的決定。他想搞清楚，同一天他幫忙寫的一份批評鄧小平的聲明，是否可能是促使鄧小平作出這一決定的因素之一。當時儘管鄧小平仍握有軍權，但沒有擔任任何黨或政府職位。在他們那份聲明中——張銘稱其文語氣溫和——學生們要求八十四歲的鄧小平退出政壇，以免重蹈毛澤東晚年的覆轍。學生們在天安門廣場一發表完聲明，張銘就發現，有示威者手持寫有粗魯綽號的標語，攻擊鄧小平。多年來，張銘不斷地懷疑，是否這些針對鄧小平的人身攻擊言論打破了平衡，逼使他宣布戒嚴。「如果我們沒有把鄧小平推到我們對立面，可能會有不同的結果。」他喃喃自語道。如今想這樣的事根本沒有意義。但是那些被要求相信自己必須承擔歷史血淚的人，只能一再重複反問這類無法回答或忘記的問題。

第十九號通緝犯

一九八九年初，張銘在清華大學攻讀汽車工程，即將畢業。他期待到被分派到的汕頭的工作。汕頭是為吸引外國投資而設立的五個經濟特區之一，他認為在那裡可以享有更多自由。一九八九年四月十五日，遭降職的總書記胡耀邦驟逝，學生開始成群結隊悼念他；而張銘心裡掛記的則是那份工作。胡耀邦在政治與經濟上主張改革，他曾任共產黨總書記，後來於一九八七年，被鄧小平以「一九八六年末至一九八七年初發生的學生抗議」*為由免職。悼念會場上出現大標語，寫著針對鄧小平的含蓄抨擊，像是：「不該死的死了，該死的卻沒有死。」胡耀邦備受愛戴的盛況，登時讓學生的追悼會觸犯了政治敏感的領域。當時的張銘毫不在意，他打定主意要遠離麻煩。

兩天後的四月十七日，彷彿是被歷史牽引一般，學生們組織了第一場到天安門廣場的遊行。他們心中嚮往的是一九一九年的五四運動，當年的場面以石製浮雕鑲嵌在靠近廣場中心的人民英雄紀念碑基座。當年，有三千名充滿愛國情操的學生在廣場上遊行，抗議政府接受了結束一戰的《凡爾賽條約》，因為它將把中國東部地區的控制權交給日本。[1]這場吵鬧的抗議，在示威者被毆打逮捕下達到高潮，期間還有一名親日內閣大臣的住宅被縱火焚燒，並造成一人死亡。這場遊行為始於一九一五年的文化、政治與思想混亂時期畫下句點。它對後世的影響，用青年毛澤東在一篇文章中的話說：「我們醒覺了！天下者我們的天下，國家者我們的國家，社會者我們的社會。我們不說，誰說？我們不幹，誰幹？」[2]知識菁英應做國家良心的想法深植他們的心中，他們七十年後的同志也同樣抱持如此的信念。

又過了一天，張銘克制了他的好奇心。直到四月十八日，他被說服陪同一位朋友去了一趟廣場。那裡有數百名學生在嘗試發表一份「七點請願書」†，肯定胡耀邦對民主的看法，其中還有一點是呼籲言論自由以及結束對示威活動的限制。張銘與他的朋友回到校園的路上，經過了通往中南海入口的「新華門」——這個古老的皇家休閒花園，現在成了中國共產黨領導人的住所。那裡參與靜坐示威的數百位學生變得憤怒起來，他們在午夜時分，試圖衝破警戒線進入大院。張銘對示威者的抗爭方式以及缺乏策略感到失望，所以他介入了，希望採取更有策略的方式。為什麼不起草一份書面聲明，或呼籲要求與政府官員會面，而不是浪費精力在這種無謂的攤牌上？張銘因此成為了學生領袖。從那一刻起，再也沒有回頭路。那個晚上，警察打傷了一些在新華門的學生，讓學生的

---

* 譯註：即八六學潮。一九八六年十二月，一些安徽省合肥市的大學研究生因不滿選舉問題，跨校聯合發起「要求進行民主選舉」的遊行，由此引發全國範圍的第一次學潮。示威運動在上海達到高峰，遭警方強制驅散。一九八七年一月一日，北京許多參與遊行的學生被抓，消息傳到北京大學校園，刺激了北大學生組織集會遊行（即「元旦風波」），迫使政府在隔天同意放人，歷時二十七天的「八六學潮」終於落幕。這場運動以「要民主，要自由，要人權，反官僚，反腐敗」為口號，挑動了中共的敏感神經，中共領導層視之為受「資產階級自由化」煽動的結果，國內開始興起「反對資產階級自由化」的批判運動。胡耀邦也因此被迫辭去總書記的職務。

† 譯註：這份七點請願書的完整內容為：「一、重新評價胡耀邦同志的是非功過，肯定其民主、自由、寬鬆、和諧的觀點；二、徹底否定清除精神汙染和反對資產階級自由化，對蒙受不白之冤的知識分子給予平反；三、國家領導人及其家屬年薪及一切形式的收入向人民公開，反對貪官污吏；四、允許民間辦報，解除報禁，實行言論自由；五、增加教育經費，提高知識分子待遇；六、取消北京市政府制定的關於遊行示威的十條規定；七、要求政府領導人就政府失誤向全國人民做出公開檢討，並通過民主形式對部分領導實行改選。」

憤怒火上加油。

接下來幾天，張銘協助組織了大型學生遊行以及罷課行動。他一腳踏入了學生自己複雜的官僚體制，宛如政府權力圈子的翻版，有無窮無盡、層層疊疊的籌備委員會、會談小組、聯盟組織等，隨著運動的勢頭越來越增強，這些組織的發展速度也越來越快。到最後，內部的階級制度變得相當根深蒂固，最著名的學生領袖甚至就駐點在人民英雄紀念碑，以此為中心，由志願者手拉著透明的釣魚線，圍成一個個的同心圓。為保護這些自封的學生領導不受普通群眾的干擾，還設立了檢查哨，每一個小圈圈都有自己的檢查哨；西方記者就碰過六個。[3]學生的內部鬥爭發展到一個瘋狂的境地；據說有一個小組在幾天內就換了一百八十二次組長。[4]有些學生領袖有自己的警衛，他們甚至在廣場上設立的廣播電台實行審查制度。

張銘在他的大學裡很活躍，同時也擔任北京高校學生自治聯合會的一員，每天都忙於組織示威活動，聯繫各大學間的事務。他的會議永遠開不完，會議中總是充滿派系鬥爭。這場學生運動的轉折點發生在四月二十六日，政府在《人民日報》的一篇頭版社論〈必須旗幟鮮明地反對動亂〉中，概述了其對學生運動的態度。這篇社論承襲鄧小平的口氣，指責少數人別有用心地密謀反對共產黨高層，破壞國家的政治穩定和團結。當張銘看到這篇社論時，他知道自己在汕頭的前途無望了。他已經沒什麼可失去了；當政府官員追查的時候，他鐵定會被認為是站在錯誤的那一邊。

成千上萬的學生同作此想。翌日，他們排成了一英里長的隊伍遊行到廣場。人數之多把警察嚇了一跳。一個星期前有學生在新華門被毆打，當學生們行經此地時，他們高喊：「我們不怕！我們不怕！」[5]在過去這一年來，失敗的價格改革導致了通貨膨脹率高達百分之二十八。許多圍觀的民眾也對日益擴大的收入差距、官員腐敗、牟取暴利以及裙帶關係感到憤怒，學生們因此贏得了眾多支持。這些在早期校園宣言出現的主題呼聲有時甚至比要求民主更強烈。

隨著學生運動的壯大，張銘發現自己竟然開始努力讓事情不要鬧大。他那年二十四歲，在大學就讀最後一學年，算是年紀較大的學生之一。他倡導推動具體且有成效的學生訴求，例如新聞媒體方面的具體改革，而非對自由和民主的空泛要求。他的克制遭來其他學生的批評，有人罵他是賣國賊、叛徒，這個罵名一直延續到廣場外、監獄裡。張銘認為，在中國無法好好地討論議題，因為一些灰色地帶總是被非黑即白的二分法道德觀給吞噬。歷來在皇帝或強人統治之下，讓人民以為只有一種統治模式：要嘛服從，要嘛被鎮壓，沒有第三種選擇。就連大聲疾呼民主的學生們，也變成了他們創造的世界裡的小獨裁者。他們用冗長的頭銜、小肚雞腸的責難以及激烈的內部鬥爭建立起自己的世界。[6]

抗議活動演變成一場更廣泛的群眾運動，開始有工人及政府組織，甚至像中共中央黨校、公安機關、法院和軍隊的一些部門等官方單位也來參與這場大型的示威抗議，他們自豪地攜帶標識自己身分的布條上街遊行。但是從這二十五年來的不斷反思中，張銘的回憶並沒有包含那令人目眩神馳的狂熱情緒或初次登台的演說，或「心靈的胡士托」（Woodstock of the mind）般的情誼。他並沒有想起大規模遊行的興奮感，或是學生運動的歷史意義。樂觀、熱血沸騰、或是勝券在握之類的感受，似乎都完全不在他的記憶中，這與六四之後流亡海外的學生領袖形成鮮明對比。如果他曾感受過一絲希望的話，那段記憶也老早被刪除了。對張銘來說，這七周的示威活動最鮮明的回憶是身體的記憶——疲憊造成的骨骼酸痛、大腦不聽使喚。有一段期間，他騎著腳踏車從廣場回到學校，他累到甚至在騎車的時候打瞌睡。

當學生們在五月十三號發起絕食抗議的時候，他並不贊同，因為他擔心這會疏遠政府內部的改革者，使學生們在政治上變得孤立。但絕食抗議開始後，他又帶著一群學生去支持廣場上的人。他在那裡待了六天，直到抗議活動被取消。到了那個時候，張銘已經開始呼籲學生回校園去，把精力集中在建立一個反對黨，而不是繼續占領廣場。然而，學生組織結構已經變得支離破碎，來自其他省分更激進的新來者超越來自北京的既有學生領袖，開始占上風。

即使過了這麼多年，有一段記憶特別讓人耿耿於懷。五月十五日，張銘被禁止參加學生代表團與三名政府高層官員進行談判。雖然他已經被學生指派為談話代表之一，但是當他抵達會議室的時候，他發現一位不認識的學生堵在門口，審查與會者提出的觀點。張銘認為，學生要求撤回四二六社論在政治上是不可行的，所以他主張召開全國人大緊急會議。「他說，『你看那些學生都已經奄奄一息了，這個時候你怎麼能提出這種要求？』所以他就不讓我進去。那我也沒辦法，我們學生之間總不能打架。」即使過了二十五年，他仍不斷回想：如果當初他獲准進入會議室的話，會怎麼樣？如果他有辦法提出他的要求，政府官員會如何回應？有沒有可能有機會，即使是很小的機會，他能有辦法改變歷史？

隨著鄧小平準備宣布戒嚴的時間逼近，學生開始設法透過父母是高級政府官員的同學的幫忙，從私人管道打聽官方的思路。五月十九日晚上，當戒嚴部隊試圖進入北京的時候，張銘在協調群眾阻截行動上功不可沒，阻止了像陳光這樣的士兵進攻。張銘的志願者大軍將有關軍隊調動的訊息傳回天安門廣場的學生總部，然後他用學生的廣播電台播送細節。「哪裡有軍隊，我們就廣播，然後就有人去堵。我們還有錢，所以我們要買一些物資。」

五月底，張銘病倒了，躺在床上發高燒好幾天。但當鎮壓已無可避免的時候，他決定回到廣場上見證。「如果我不去，我良心上是很受譴責的。」他靜靜地說。「現在的話，我的良心也是不安的，這點是沒有辦法的。」

那天晚上的廣場上，擴音器不斷地發出警告說「一場嚴重的反革命暴亂」已經爆發，這是政府第一次使用這個說法。警告內容宣稱，暴徒攻擊了解放軍士兵，並焚燒車輛，企圖顛覆中華人民共和國，推翻社會主義制度。它還警告市民撤離廣場，「凡不聽勸告的，將無法保證其安全，一切後果完全由自己負責。」[7]暴力威脅已不再隱晦。那個時候，張銘跟一些其他的學生圍簇在人民英雄紀念碑旁，子彈在空中飛舞，顯示部隊沿著長安街不斷地逼近。

張銘看著軍隊步步逼近，憤怒、驚恐的群眾丟出了大量的磚塊與鋪路石，卻也無法阻擋他們。二十五年後的今天，他仍會被自己曾見過的情景觸動而流淚，例如一個年輕人被抬到廣場外的救護車上，一朵紅花在他的胸膛綻放開來。「我原來以為死是很恐怖的，但他就像睡著了一樣。」張銘還記得在等待協調是否要為留下的學生留安全通道時他有多焦慮。後來學生們手拉著手，唱著《國際歌》還有中國國歌，眼淚就順著臉龐流下來。

那個晚上沒有一個學生領袖死亡。六月四日那天，絕大多數被殺的都是普通的旁觀者，他們在坦克為保衛廣場而駛過城市的時候，探頭出來看發生了什麼事。士兵們從西邊往天安門廣場的路上無區別地向人群開火掃射時，許多人不幸被擊中。最嚴重的槍殺地點發生在木樨地，部隊甚至對著政府高級官員居住的公寓大樓開火，殺死了一名高級官員的女婿，他在打開燈走進廚房時頭部中彈。[8]

離開廣場後的張銘，巨大的疲憊感麻木了他的四肢，連思緒也麻痺了。他不再在乎自己的生命安全，沿著長安街踉蹌地走，直到他看到民族文化宮外面的一片草地。他停下來，躺了下去，立刻就睡著了，對從他身邊駛過的坦克無動於衷。當地居民發現了這個在草地上睡著的學生，搖醒了他，並警告說，若不馬上離開可能會被逮捕。於是，他返回學校。

六月五日回到清華大學後，他在一場情緒激動的聚會裡，當著全體教職員工以及共產黨黨員的面發表意見，後來後者在法庭上作證他有參與犯罪。學生稱這場抗議活動的鎮壓是軍事政變，甚至在討論他們是否應該拿起武器反抗軍隊。那天下午有傳聞說，解放軍將進入大學，學生領袖們決定逃亡。

張銘和另一位學生一起離開北京，前往當時仍是英國殖民地、相對安全的香港。他們有香港活動人士的電話號碼，這些香港人承諾，如果他們兩人能走到邊境，香港就會有人想辦法偷渡他們到安全的地方。兩人逃亡了三個禮拜，大部分的時間都睡在二十四小時營業的電影院，那裡不會有人檢查身分證。他們的第一站是北京的郊區通州，從那裡坐火車去山海關。彼時，張銘已是一名通緝犯，一張他的粗糙黑白大頭照在電視上不斷出現。不過因為他一直在逃亡，所以自己從來沒看過。他繼續乘船去上海，然後換火車去廣州。

六月二十六日，自由已經近在咫尺。兩人和另外兩名學生在邊境城市深圳搭計程車，要去找一艘可以載他們到安全水域去的小船，卻在途中被警方攔住。張銘身上沒有帶任何身分證件，所以他就被拘留了。至於其他學生，他酸溜溜地評論道，那些與共產黨官員有關係的學生都跳過了監獄，受到協助逃離中國。和大多數進監獄的人一樣，張銘與共產黨高層沒有任何血緣關係。他被遣送至秦城監獄，拒絕部署軍隊的徐勤先少將也被關押在那裡。

一九九一年一月，張銘成為第一批因參與所謂「反革命暴亂」而被起訴的學生。他因煽動顛覆人民政府和企圖推翻社會主義制度被判處三年徒刑。他記得，自己當時對受到的刑責比預期輕而感到驚訝。按照領導層的說法，這些學生都是被幕後的「黑手」操控，大多數的學生領袖都被判了四年或更少的刑期。鎮壓行動一結束，就有十五人被判死刑，主因是對公安部隊行使暴力。最早的死刑判決是在六月四日之後的十一天內通過。[9] 較年長的知識分子與工人則被判得更重。其中有三名工人的刑期最長，他們向懸掛在天安門上的毛主席肖像扔墨水雞蛋，被學生移交給警察；他們被判處十六年至無期徒刑。[10]儘管張銘的審判具重要性，但他對此卻一點印象也沒有。與接下來要發生的事相比，這件事變得沒那麼重要了。

凌源監獄

關於他在秦城監獄裡的遭遇，張銘也沒什麼印象。「那是我第一次看到馬桶！」他大笑。「領導坐監獄就不一樣，他們是有馬桶的！」學生們都被關在一起，雖然偶爾會被單獨監禁，但張銘對自己受到的待遇並沒有什麼怨言。

一切都在一九九一年四月改變了，當時他和其他十名政治犯被移轉到東北的凌源監獄，其中包括研究生劉剛，他在天安門頭號通緝犯名單中排名第三，被判處六年刑期。凌源是一個廣大的流放地，對外以凌源汽車工業企業集團著稱。[11]某個日本遊客曾花了兩天時間開車遊覽，始終無法看完全貌。監獄工廠專門生產出口用的公車、卡車、拖車和汽車零件。同時這裡因為關押了相當多的天安門活動人士，而又以「為制止動亂和平息反革命暴亂做出了巨大貢獻」聞名。[12]

張銘不願意再回到那個世界，他連談都不想談。那些時日已經過去了，再去回顧沒有好處。「事實就是事實。」他堅定地宣稱。「談論已經發生過的事情，無助於我在中國發揮更大的影響力。」先前外界試圖詢問張銘犯人在凌源監獄的遭遇，但他都拒絕了，他擔心自己會被視為叛徒，被指控「站在美國那邊」。他接著說道，中國人認為西方只對人權感興趣，但即使人權很重要，西方國家也應該要放眼全局。

他對關於凌源時期的事閃爍其詞，顯然曾在那裡受到極其惡劣的待遇，而且噩夢從最初十一名囚犯的入獄那一刻就開始了。其中一名囚犯只是為了點菸跟獄卒要打火機，就遭遇電擊伺候。

這十一名政治犯都對監獄的規定感到惱火。例如，犯人都必須要背誦〈罪犯改造行為規範〉的五十八條規定，但他們拒絕配合。對張銘來說，這是原則問題，他說：「我可以服刑，但我這個腦袋不歸你管啊。」身為中國古典詩歌的愛好者，他無法忍受讓監獄的指導方針來汙染他的大腦。那也很虛偽，因為獄卒自己就公然藐視那些規章制度。不過，對監獄當局而言，這種大規模的不服從運動開啟了一個危險的先例。

有一段時間，張銘拒絕參加製作火柴盒的強制勞動。他工作速度很慢，有時候必須要花十四個小時工作。他堅決不多談細節，我也就不再追問。因為我不安地意識到，作一個不稱職的記者比作一個爛人好多了。

為了挖掘更多真相，我翻出了一份人權組織「亞洲觀察」（Asia Watch）出版的報告，上頭詳細描述了那十一位政治犯在凌源監獄裡的遭遇。我讀了那篇報告，想起自己曾經想要挖掘那些埋藏已久的記憶，不禁感到羞愧。該報告描述了這些囚犯拒絕遵守監獄規章制度或拒絕接受審訊的下場。首先，他們會被其他負責管束的一般犯人毆打。接著，張銘和其他四個人被單獨監禁，每個牢房長六英尺，寬三英尺。據「亞洲觀察」的報告指出，「他們持續被虐待，赤身裸體地被壓在地上，幾根高壓電（電壓從一萬到五萬伏特不等）在旁伺候，同時電擊他們的頭部、頸部、肩部、胸部、腹部、腋窩、腿部和手指的內側。」[13]

一九九一年十一月，張銘終於發起了自己的絕食抗議。他是拒絕進食並要求在家鄉服刑的十三名囚犯之一。他們還呼籲結束體罰和由普通犯人監督政治犯的制度。這次的絕食抗議是某種「抵抗運動，甚至是監獄起義」行動之一。[14]其中九名囚犯受到嚴懲；張銘再次被關單獨監禁，而其他繼續絕食者的食道被塞管子強迫進食。

囚犯們很快地意識到，他們唯一的武器就是自己的屍體，他們唯一的反抗策略就是拒絕進食。政治犯彼此之間還發明出一套粗糙的交流方式，用敲打牆面的聲音拼出英文字母。當我問及為什麼是使用英文時，張銘指出，因為漢字無法用數字來表示。要打出每個代碼（例如敲擊一下代表A，兩下代表B等以此類推）非常耗時，所以訊息通常都變成縮寫。張銘還記得，劉剛有一次試圖邀其他人一起加入絕食。張銘起初還不明白為何他們要發起絕食抗議，所以他拒絕了，並在牆上敲出NO（不要）。劉剛馬上敲訊息回應，張銘費了好一番功夫才拼出來：TRAITOR（叛徒）。

一九九二年，八名政治犯在他們的單獨監禁室裡發起另一次絕食抗議，這次他們要求允許接待訪客。據「亞洲觀察」指出，張銘只是在牆上寫了一首詩，他就被剝光衣服，遭受拳打腳踢，還被迫赤身在零下的氣溫中待了半小時。警察局長這樣對他說：「我的工作就是打你。這是你要求改革的代價。所以你想絕食抗議？儘管去吧！勞改部隊不怕死人。要是有一人死了，我們就埋一人，兩人死了，我們埋一對！」[15]一月中，張銘再次受到折磨。他洗澡的時候，目擊者看到電擊棒在他胸口留下的傷疤。凌源的犯人處境相當糟糕，劉剛形容「比集中營還糟糕」。[16]

這類的狀況慘不忍睹，但張銘受到的待遇並非特例。流亡詩人廖亦武出版了一本自傳，內容是關於他因為創作〈大屠殺〉這首詩而坐了四年牢獄的經歷。這首詩是一首意識流的詩，是為紀念在六四死去的人而寫的。[17]廖亦武在這本回憶錄《六四．我的證詞》中，描述了他在監獄裡的生活簡直是外面國家官僚體制的翻版，獄方以嚴厲的權力階級制度管理獄中幾乎所有的人際互動。監獄裡有各式各樣令人毛骨悚然的創意，例如獄方編造出列有各種折磨手段的恐怖菜單，拿監獄裡的痛苦折磨去羞辱囚犯對一份像樣食物的渴望。比如說，「清湯掛麵」，指的是拿一碗用尿浸濕的廁所衛生紙條，逼迫犯人吃下。另一道菜叫「鐵板回鍋肉」，執法人員會用竹竿刺穿犯人的背部，然後在刺穿的傷口上撒鹽。被刺傷的部位都黏有膠帶，膠帶一撕下來後，犯人背上的那塊皮膚就會看起來像煮熟的肉一般。[18]

當我讀到「亞洲觀察」報告上關於凌源監獄的種種時，我回想起某次與張銘的談話。那天我們一起坐在他東北家鄉吉林一家時髦的酒店大廳，我喝著鐵觀音，他則啜飲著牛奶。我意識到，當時傻傻地詢問他關於牢獄生活的我，是多麼的天真、殘忍。對他來說，僅僅是回想起那段牢獄歲月，都會變成他一直抵抗的噩夢的延續。對中國的前政治犯來說，沒有什麼療法能幫助他們。這與我們常掛在嘴邊的陳腔濫調完全相反，時間無法治癒一切，特別是不可挽回的身心創傷。然而，這些殘酷的牢獄歲月教會了張銘戰略的重要性，也給了他另一個關鍵教訓，而他將發揮的淋漓盡致。

成功商人

一九九一年春，張銘獲釋之後，他決定轉行從商，藉由投身於經濟領域來改變中國，而非透過政治。畢竟，一九八九年留給世人最重要的訊息是：政治是危險的，最好閉上嘴，儘管賺錢。「六四以後中國人的政治熱情消失了，所以他們竭盡所能去賺錢。」中國著名作家余華這麼告訴我。「現在變成了一個瘋狂的，逐利的物質時代。就像鐘擺，從一個極端到另一個極端。」

致富是一件令人光榮的事，張銘也想成為那榮耀的一員。為了讓自己遠離頭號通緝犯的惡名，他甚至改了名字叫李正邦（音譯）。他的首次商業嘗試相當成功，也或許是太成功了。他加入了一家早期的信用合作社，同時身兼房地產開發商。當公司變得越來越發達，他決定暫且冒險回到政治舞台。

張銘原本想要製造一個能引起大眾共鳴又不會讓當局起疑心的契機，所以一九九五年，他決定成立一個基金會紀念抗日戰爭，亦即日本在一九三〇年代及二次大戰時侵略中國東北的事件。他的公司提供了兩百萬人民幣的種子資金，這是一筆相當可觀的經費，一開始武漢市的地方政府批准了他的申請。但是因為地方銀行拒絕核准該資金，所以計畫中止，而基金會則在開始運作之前就被關閉了。

如果這是一個警訊的話，張銘可以說是太大意了。兩年之後，他公司的老闆因「以資養政」這種莫須有罪名入獄。他的老闆早先在政治上也很活躍，但張銘依然懷疑，是不是因為他們之間的關係而使他遭遇厄運。

在那之後，張銘搬到上海去，開始協助一位新老闆成立一間房地產企業集團，還在汽車工業、手機部門等領域創立子公司。這家公司出奇地成功，到了二〇〇二年，僅現金產值就有四十五億人民幣。「我們太有錢了，」張銘承認，這引起了當局的注意。「他們可能覺得我們的錢對他們是個危險。」

二〇〇二年九月，張銘再次被捕，這一次他被控危害公共安全，涉嫌密謀炸毀一棟建築物。開庭的時候，該指控被撤銷，卻轉而被控「職務侵占罪」。審判充滿了程序不正義。一名辯護證人不被允許出庭作證，而一位公務員證人承認他的證詞是假的，但他透露，若他撤回證詞，將面臨三年至五年的監禁。最後，張銘被判處七年有期徒刑。他的老闆沈鳳娟則於二〇〇三年十月，以「虛報出資、抽逃出資罪」為由入獄。

他第一次入獄那時，張銘唯一的策略就是設法活下去。這一次，他為了能提早獲釋而決定冒險。二〇〇三年十一月，張銘發起另一次絕食抗議。獄方還以顏色，把他綁在床上一百一十三小時，管子插入食道強迫灌食牛奶，然後不讓他上廁所。那時，張銘做了關鍵妥協：他不吃任何固態食物，只喝牛奶，換取從床上解脫。後來，他一直只喝牛奶，體重少了四分之一，降至不到四十五公斤。

到了二〇〇四年六月，他的身體狀況變得非常危險，有九名流亡的學生領袖*寫了一份公開信，為他的處境提出抗議。[19]這封公開信譴責了中國當局政治迫害他們留在國內的同志，「他們即使刑滿釋放之後，也永遠沒有出頭之日。國家安全局的警察遲早總會找上他們，毀掉他們辛勤創建的一切。張銘就是一個最明顯的典型例子。」張銘認為，要不是這封信給當局施加了壓力，他很可能早就死在獄中。

* 譯註：此九人為：王丹、李錄、周鋒鎖、封從德、吾爾開希、王超華、劉剛、張伯笠、王有才。

儘管如此，張銘在被保外就醫之前，除了喝牛奶之外，又絕食了二十一個月。到了二〇〇六年，張銘的病情嚴重惡化，罹患心臟疾病，意識不清。二〇〇六年三月六日，當局擔心他會死在監獄裡，便通知他的父母前來領他出去。張銘以驚人的意志力活了下來，然而卻犧牲了自己的健康作為代價。

不過，他與其他獄友的最大不同是，他自發的絕食行動至今仍持續進行中。不管去到哪裡，張銘總是帶著一個黃色的布袋，裡頭裝有六瓶撞得叮噹響的小玻璃瓶。他直接跟農民買牛奶，然後自己在家加熱。我們在談話的過程中，張銘偶爾會將手伸進包包裡，拿出一瓶牛奶小口啜飲。他的長期絕食與原則無關，他堅稱這是因為他已經習慣了。他可以吃東西，有時也會吃，但是他說自己的身體已經無法處理固態食物了。張銘深信，固態食物會讓身體的許多毛病惡化，而且他喜歡禁食之後思路清晰的感覺。這要歸功於正面思考的力量。張銘將自己的生活方式看作是坐牢的意外收穫，而非永無止境的懲罰。

不過這件事卻深深傷害了張銘與父母之間的關係。他的父母一位是退休的物理學教授，一位是學校老師。張銘決定人生之路造成的影響，父母首當其衝。他們是在電視上看到他在頭號通緝犯名單上，才發現兒子做了什麼事。張銘一直隱瞞自己投入運動的事，因為知道他們會出手阻止。他的父親看到自己的兒子被妖魔化成國家敵人，心情震驚到身體出了狀況，患有嚴重的高血壓還有其他相關的健康問題。兩次出庭及兩次監禁都帶給他許多壓力，後來又因他兒子那次出獄前的慘況變得更加嚴重。當時張銘已經奄奄一息，還繼續拒絕進食。「我跟父母的衝突就很多，」他笑嘻嘻地告訴我，「我爸爸媽媽有時候甚至說，他們都想狠狠揍我一頓！」

採訪一個不吃東西的人，讓我面臨了許多很特別的挑戰。用餐時間被打破，甚至也沒必要吃零食，再也不能拿「要不要吃東西」當作是社交的潤滑劑。張銘相當坦率有禮地一再提醒我，如果我餓了，我們可以移駕到餐廳繼續採訪。但我們談得相當起勁——而且還被他那四隻古怪的紫色眼睛盯著——所以很難中斷對話。更何況，在一個禁食的人面前吃東西，似乎是件無禮甚至粗魯的事。再說，這還關乎到意志力的問題。面對一個十年來除了牛奶什麼都不吃的人，若我區區幾個小時就需要去吃東西，似乎就顯得太懦弱了。

起初，我還覺得或許加入他的行列禁食個幾天，可能會很有趣。結果，幾個小時之後，我就餓得兩眼發昏，肚子一直咕嚕咕嚕叫，完全放棄了這個想法。

等我真的受不了的時候，我們才開車去了一家上海小餐館，那裡裝飾著華麗的銀色及黑色壁紙。我盡可能節制地點餐。這是我有史以來第一次，覺得吃東西的行為很不識相。在這個十分重視飲食的國家，「你吃飽了嗎？」是一個很常見的問候語，很難想

容。「我們應該原諒馬雲。」他說。「他是個有影響力的人。我們不應該疏遠他，我們應該要讓他站在我們這邊。」

事實上，如果歷史改變，張銘不是沒有可能變成另一個馬雲。若不是因為他的生命中有一塊天安門事件的汙點，否則憑著他點石成金的能力，加上手頭上擁有的鉅額資金，他完全有資格躋身於中國本土企業巨頭的行列。張銘猜想，他會第二次入獄是因為官方想要阻止他晉升紅頂商人。「你做生意的話，其實可以影響很多人。所以這一點也是他們後來不讓我做的原因，我想。」他靦腆地笑著告訴我。即使到了現在，他仍有辦法靠著過去那段時期的投資過生活，尤其是二〇〇一年出售一家電腦公司的交易，讓他大賺一票。

儘管入獄兩次，也失去了他協助建立起來的兩筆財富，張銘卻不為自己選擇的人生感到懊悔。我問他，是否後悔當年參加學生運動，他搖了搖頭。「你甚至連想都不能想。」他說，「你已經經歷過了。你只能想辦法讓自己心裡更平靜一點。」他聲稱，自己已不再抱有任何政治野心。「我沒有能力改變中國；我沒有能力改變世界。唯一我能做的就是改變我自己。」

必要的妥協

對張銘還有其他留在中國的學生領袖來說，當年為期七周的學生運動是一條分界線，一旦跨越了，他們的生活就從此改變了。他們原先預定要走的職業生涯——政府職位、學術工作，或者像張銘在汕頭的工作——皆不復存在了。出獄後，他們能有的選擇少得可憐。

六四之後，共產黨發起了一場持續十八個月大規模的意識形態洗腦運動。根據秘密文件，至少有四百萬名的黨員（占總數的十分之一）受到調查。[23]那些曾參與抗議活動的人，都必須為他們在那段動亂時期的行為寫長篇自白，表達他們對鎮壓的支持。政府用這種方式拉攏這些學者，接著巧妙地在他們面前祭出金錢攻勢，讓他們在敏感問題上保持緘默。作家閻連科在二〇一三年《紐約時報》上，披露想要在中國學術界出人頭地得做的必要妥協。「無論你是作家、教授還是歷史學家、社會學家，只要你只看到只讓你看到的，不去看那不讓你看到的；只要你只去謳歌那需要你謳歌的，不去描繪那些需要遺忘、失記的，那麼，你將得到權力、榮譽、金錢的獎賞。換句話說，我們的健忘，是源自於這個國家的富裕和獎懲。」[24]

甚至一些希望藉由創業來繞過政府控制的人也遭遇了困難。二〇〇四年，我採訪了朱宏（音譯），他是一名記者，在天安門事件後丟了工作，後來嘗試開一間小書店。我們約在麥當勞見面。麥當勞常常是異議分子最喜歡的聚會場所，因為他們認為那裡歡快的流行音樂還有熱鬧的氛圍很難竊聽。朱宏焦慮不安地向我訴說，他當時承租了一個空間，釘好書架，甚至書也買好了。然後相關政府部門卻拒絕發給他正式的營業證照。最後，他不得不放棄他畢生積蓄還有對未來的所有希望。他痛苦地說，行政權力已經變成了政治工具。「他們能控制一切。如果你想繼續下去，不是說你要背叛自己，但你要捨棄一些理想化的東西。」

據知識分子陳子明的說法，有不少前學生領袖因為率先妥協，而從中獲得了巨大的利益。陳子明被控作為學生運動背後的「黑手」之一，遭判十三年監禁。「而且我也確切地知道現在有些人是億萬富翁」，他告訴我，「他們的注意力都轉移了。但這些人在經濟上打拼的時候，他們顧不上政治。他也怕政治干擾，他也不敢說我當年是學生領袖。」但如果這些前任抗議者能獲得足夠的安全保障再次發聲，陳子明相信，情況可能會有所改變。

中國最大房地產開發商董事長王石的故事，就是一個人們津津樂道的例子。王石曾是解放軍的一員，是中國土生土長的人民英雄，在微博上擁有一千一百萬名粉絲。他的名氣不僅源於他的商業頭腦，還因為他六十歲時做了一個決定，他從總值一百六十億美元的鉅額房地產事業退休，跑到哈佛去當客座研究員。一九九四年，王石向《華盛頓郵報》透露，他曾在一九八九年後，因鼓勵員工參與團結遊行而坐牢一年。他說，他曾公開表示後悔參加遊行。「我對股東的責任比政治還重要，」王石告訴《華盛頓郵報》的記者，「對一家大公司的執行長來說，帶著他的員工到街上去參加反對政府的政治抗議活動，嗯，這其實不太好看。」[25]然而，到了二〇〇八年，他卻透過一位女性發言人否認一切事項——包括曾參與抗議遊行、一年監禁，或是那份公開道歉聲明。[26]

中國民眾遵從政府的領導粉飾了他們自己的歷史的同時，共產黨自己也有一套向前走的策略。二〇〇一年，它宣布將歡迎資本家入黨，稱他們為「先進的生產力」，試圖翻轉意識形態。自此，這個無產階級的政黨成了世界上最富有的政黨之一，它將財富與政治權力結合起來，自成一個系統。它的特徵是裙帶資本主義與日益擴大的貧富差距。

根據《經濟學人》的資料，中國人大中最富有的五十名代表，控制著九百四十億美元左右的資產，大約是美國最富有的五十位代表的六十倍。目前的中國全國人大代表會，根本像是中國版的《財富》全球論壇（Fortune Global Forum），充滿了電影明星、名人CEO，還有共產黨政二代的「太子黨」。有一年，因為出席的代表們穿戴的奢侈品太過炫富了，甚至被戲稱是「北京時裝周」。其中最受嘲諷的人是李小琳，她是綽號「北京屠夫」、天安門時期的總理李鵬的女兒。她身上戴著一條香奈兒項鍊，穿著一套據報價值近兩千美元的艾米里歐・璞琪（Emilio Pucci）橙紅色套裝。[27]

一份大膽的報紙曾分析指出，有近三千名全國人大代表將於二〇一二年結束五年的任期。[28]據統計，裡頭只有十六名是工人，十三名是農夫，還有十一人是軍隊的官方代表。因此，原本屬於工人、農民與士兵的黨，已不復存在。根據最新統計資料顯示，在中國立法機構，即全國人大成員當中，有六分之一是執行長、董事長，或是商界領袖。[29]事實上，若在人民大會堂裡搶到一個席位，就可以讓公司的股價提高約百分之三左右。凡加入政治，就有利可圖。中國共產黨就這樣成功收編了這些曾被罵為「資本主義走狗」的人。

凍秋梨

二〇一二年，七位著黑西裝的中年男子昂首邁步走上人民大會堂舞台，他們各自站在紅地毯上的位置反映了他們的地位高低。鎂光燈齊閃而下，他們看起來自信滿滿又有點侷促。這七位新任常委，立即被西方媒體稱為「七巨頭」他們代表了新的政治秩序。

每十年都會有一批中國領導階層的成員退出政治舞台，由新一代的共產黨官員取而代之。習近平是七巨頭的新領導人，他是第一代革命領導人的兒子，因此是太子黨的一員。前中共中央總書記胡錦濤退休時破除傳統，他辭去所有政治權力的職位，交棒給習近平，為其掌權奠定穩固基礎。這項變革在張銘眼中，是一個政治分水嶺，為中國共產黨的未來帶來希望。在中國媒體上，對此的評論則沒這麼寬容。批評者說，胡錦濤當權的十年裡，他最大的成就就是下台。

一樁中國幾十年來最嚴重的政治醜聞，重擊了政權移轉的過渡期——另一位著名的太子黨成員，時任重慶市委書記的薄熙來驟然下台。薄熙來曾是政界中炙手可熱的政治明星，除了極具人格魅力之外，還抱有無窮的野心。在重慶，他曾發起一場高調的整治行動，打擊犯罪組織，還在具毛式風格的群眾集會上，高唱歌頌共產黨的歌曲。長期擔任他的執法人員、前警察局局長王立軍，卻突然跑去成都的美國領事館尋求庇護，最後以失敗告終，這件事成了薄熙來下台的引爆點。外界認為，王立軍對薄熙來的指控是薄家族瓦解的關鍵，一系列的事件以薄熙來的太太谷開來轟動一時的審判告終。谷開來被控謀殺英國商人海伍德（Neil Heywood），及命令王立軍主導掩蓋真相。王立軍遭判刑十年，谷開來十五年。薄熙來則因涉及受賄、貪汙及濫用職權，遭判終身監禁。他在一場作秀式的特別審判中，嚴厲駁斥上述所有指控。

在中國境內，人們以追劇般的狂熱心情關注此案，而後被盛行的犬儒主義澆熄降溫。但張銘對此感到不以為然。他認為，關鍵的進展體現在新一代的技術官僚領導人身上。這些人在十幾歲的時候被「下放」到鄉村跟農民學習，因而更了解普通人的生活。

張銘強烈支持他們集中力量將傳統工業升級為創新產業的政策。他認為，真正的創造力是不可能在威權主義環境下蓬勃發展的，因此，經濟結構的轉變將必然導致更民主的工作場域。就如政府本身，張銘也認同改變應該是漸進式的，而非革命性的。張銘出於本能地是一位改革家，而不是一名反叛者，他的觀點相當符合主流，所以為何他最終兩次被判入獄，頗令人費解。

即使在一九八九年的時候，年輕的張銘也曾爭論道，推動全面民主的時機可能還不成熟。當他試圖說服他的同學放棄占領天安門，好好儲備他們的氣力時，他說了一個故事。他在中國東北嚴寒地區長大，冬季的時候流行吃美味的「凍秋梨」。傳統做法是將一般的梨子埋在厚厚的一層樹葉下，直到完全結凍。然後放在冷水中解凍之後，就能嚐到清脆冰涼的梨子在口中的甜蜜滋味。兒時的張銘等不及梨子解凍，一直吵著母親加快解凍的速度，他問：「為什麼不用熱水把它泡軟呢？」母親最後向他解釋，說這樣會讓梨子壞掉。梨子必須要慢慢地解凍，催不得。「一個國家也是這樣的，」張銘告訴他的同學們，「這個過程是省不掉的。你要著急，這個梨就爛掉了。」

地主

一天下午，張銘開車載我去拜訪他母親長大的農村。我們經過一排排國家計畫時期遺留下來、了無生氣的街區。國家計畫阻礙了吉林的發展，害它不能像其他城市一樣在高速的現代化過程中，躍升為由一望無際的鋼鐵和閃耀的玻璃組成的摩天大樓高地。很快地，這些低矮的建築，變成了連綿起伏的小山丘，長滿了高粱和玉米。他母親的村子現在已發展成一個小縣城，那裡的磚房有紅色的屋頂，上面裝飾著陶瓷鳥，守衛著他們的屋簷。市場裡仍聚集著沉默寡言的農民，他們蹲在街上販賣在報紙上成堆的山楂果，或是裝在手工編織籃中奇形怪狀的辣椒。

當我們駛過那裡時，張銘講述了他母親十歲時在國共內戰期間從這個村莊逃亡出去的經過。隨著戰火的聲音越來越逼近，她全家決定逃到最近的城市吉林去避難。那個時候，他們不知道是誰在跟誰打仗，他們只是遵循著自己的生存本能行動。一到吉林，他們才發現共產黨打得國民黨節節敗退。

這家人在這個城市留了下來，不久之後就被共產黨統治。然後一個關鍵時刻改變了全家人的命運：新上任的共產黨詢問了張銘外祖父的身家背景。身為這個大城市初來乍到的新住民，外祖父不認識任何人，也沒有人認識他。他原本可以靠這個機會，捏造一個更符合政治利益的身分。可是他的外祖父無法刻意說謊。他如實回答：「地主。」由於父親是階級的敵人，張銘母親被禁止上大學，整個家庭在文革中淪為箭靶。一句真話，注定了家族幾十年的悲慘命運。

老兵

這幾年來，張銘的人生就是一直在放棄。他放棄了政治，放棄了生意，放棄了領薪的工作，最後甚至放棄食物。當我琢磨著他繼續禁食的意義何在時，偶然讀到了研究中國的學者夏偉（Orville Schell）在他的書《天命》（*Mandate of Heaven* 暫譯）中提到關於絕食學生的段落。[30]「絕食所隱含的消極抵抗，與另一種根深蒂固的中國傳統文化是一致的。傳統認為，如果一個正直的官員不同意統治者，他應該表達自己的不滿，但不直接採取行動，也不是去成立反對黨來公開煽動叛亂。」

張銘則引述了影響他深遠的中國傳統道家思想，特別是「無為」。道家強調要與外界和諧相處，不要強力致之。這種想法讓曾經年輕氣盛的張銘從過去的執著中解放出來。

就連他試圖減緩身體問題所做的努力，也有了象徵意義。有一天，我收到他的一封電子郵件，他相當興奮地概述了他在醫學療法方面有了新突破。他用了非常另類的療法：在額頭上拔罐。但除此之外就沒有其他方法能減輕坐牢時被毆打導致的慢性疼痛。後來在反覆試驗之後，張銘又發現在腳底上的某個點拔罐也有效果。他迫不及待地使用一切方法「從頭到腳」把之前留下的痛苦清除乾淨。「如果我找不到治療自己的方法，我估計活不了太久，」有一天他告訴我。

張銘現在住在一棟通風的毗聯式公寓，公寓的牆壁上掛著一幅五顏六色的藝術品，創作者是他的妻子，比他小二十歲。在一次拜訪中，她煮了一桌清淡的蔬食晚餐。我們吃晚餐的時候，張銘就坐在旁邊跟我們聊天，還破例嘗試吃了一小口捲心菜。同時，他正用一個透明的小塑膠燈泡對著他的頭進行拔罐，一個巨大張揚的紫色瘀青明顯地越變越大。當我問到跟一個不吃東西的人結婚感覺怎麼樣的時候，他太太露出一抹微笑。「很輕鬆！」她滿臉笑容地回答，「我完全不用管他要吃什麼！」

這對夫妻是在網路上認識的。然後他說服她搬到吉林，那裡的生活節奏比較輕鬆。他們無視中國嚴格的計劃生育指導方針，生了兩個小孩，還想要第三個。張銘是個親力親為的父親，他幾乎每天都在博客上發表養育子女議題的文章。他的三歲兒子是一個活潑的寶寶，還在蹣跚學步，臉上總是掛著燦笑，對街頭的標誌很是著迷；他女兒還是個嬰兒，是一個安靜的小美人兒，生得圓圓胖胖的，跟她父親有稜有角的外表形成鮮明的對比。

不同於一般家庭，張銘計畫在家教育孩子。他希望他們的世界充滿無限的可能，而不是一個只有單一正確答案而其他都是錯誤的世界。他想要保護他的孩子，遠離獨裁的老師還有遊樂場上蠻橫的小霸王。他擔心自己孩子的天真無邪會被中國無所不在的暴力所汙染——只消看看遊戲場的景況就知一二。遊樂場是社會的縮影。在他自己的人生中，經歷到的都是拒絕服從者會遭受暴力打壓：士兵朝不服從命令待在家裡的民眾開火；在獄中他拒絕被洗腦，就遭來毒打；甚至又如，父母處罰一個不聽話的小孩也是一種微小的暴力。用毛主席的話來說，政治權力來自槍桿子，暴力已成了最終的解決手段。

張銘改不掉商人的習性，手頭上仍有一些計畫。他正在投資一個隱藏在現代化高樓中的傳統茶館，從那裡可以俯瞰整個城市。他幻想在這個僻靜之處品茶，還有學習彈奏古琴。他還投資了一家小型的新創公司，資助一位發明家。這位發明家設計了可回收的陶瓷地磚，可以像拼圖一樣組合起來變成地板式暖爐。公司總部就設在城鎮另一端一棟凌亂的公寓大樓裡。

我們登門拜訪時，另一位投資天使為我們開門。這名五十多歲的女士是張銘的生意夥伴，她穿著一件灰色、鑲寶石的尼龍襯衫，臉上的妝容有一點點糊掉了。她用小瓷杯給我們沏了綠茶，我貪心地一口乾掉。在這悶熱的天氣裡，張銘卻用他瘦巴巴的雙手摀著小杯子取暖。有一間房間裡頭鋪著米色的蜂窩狀磁磚，散發著一股宛如土耳其蒸汽浴般的溫暖。張銘的這位生意夥伴，一直努力想讓地磚登上一個中國電視節目，這個節目中的每位發明家會有九十秒的時間，向一群企業主推銷自己的產品。她樂觀地認為他們很有機會，她說：「我看了以前所有節目的錄影，其他沒有任何產品比我們的好。」她已經決定，要把她所有成衣生意的利潤都投資在這個她稱為「革命性發明」的地磚上。

後來，她載我到一個寬敞的火車站，那裡很新，通道都還尚未完工。當她開著她那昂貴的白色休旅車，小心翼翼地駛過滿是泥濘水坑、塵土飛揚的停車場時，我問了她對張銘有什麼想法。「他是個好人，即使他參與過學生運動。」她回我，「那時候他還年輕，過於衝動。如果現在再發生這種事，他不會再參加的。」

我有點訝異，再問她：「他跟你這麼說的嗎？」

「看看他受了多少罪，」她回答，「他為自己的行為付出了那麼大的代價，他當然不會再做同樣的選擇了吧？」

在她眼中，光是看看這輛昂貴休旅車的柔軟真皮座椅，就知道學生在各方面都虧大了。學生意圖良善，但是他們的行為可能會給這個國家帶來難以想像的混亂。政府為了恢復秩序，做了它該做的事，而贏家是那些埋頭苦幹、循規蹈矩的普通人，現在他們正享用著辛勤工作獲得的果實。在今日的中國，大家都這麼想。

張銘在家不怎麼談論二十五年前發生的事。他太太在一九八九年時才四歲。當年的事她一無所知，即使是相關的事也不在意，像是不曾發生過一樣。「她沒有經歷。」他坦率地說，「你可以跟她談畫畫，談音樂，談一些她喜歡的事情。但她不喜歡的事情，

第三章

流亡的人

「我已經還了我欠下的。如果我覺得我有責任去推動民主運動的話，我相信我已經做的比普通人多了。如果我要為我獲得的名聲付出代價的話，我覺得我也付過了。」

——吾爾開希

吾爾開希的散文集，疊放在台北一間書店的新書專區，旁邊堆著的恰好是台灣前總統李登輝的新書。封面上吾爾開希的照片很醒目，儘管變老發福，還有二十五年流亡歲月留下來的痕跡，但仍看得出年輕時候的樣子。一九八九年抗爭期間，吾爾開希還是位身材清瘦、穿著不修邊幅，很有魅力的二十一歲青年，總是站在舞台中央。他經常拿著擴音器叫囂、威嚇、催促，聲音因為喊叫而變得嘶啞。二十五年後，當他邁步走進台北一家嬉皮風格的咖啡廳時，就像一個昔日名人的樣子。不過年輕時候的自負倒是還留著；當我告訴他，他的書擺在很突出的位置時，他露齒一笑，用流利的英文打趣地說：「我很高興書店認為我有做領袖的能力。」

吾爾開希是所有學生領袖中最衝的一位，總是吸引鎂光燈的焦點。他是引起注目的天才，為抗爭運動創造了許多很戲劇性的時刻。學生絕食抗議期間，他直接從病床上爬起來，走去人民大會堂與總理李鵬見面。吾爾開希身穿醫院的藍白條紋睡衣，坐在一張鼓鼓的椅子上，手裡拿著一罐氧氣瓶。他打斷李鵬對學生們家父長式的訓話，反過來責備他過了這麼久才屈尊與學生見面。一位身穿睡衣的學生這麼沒大沒小的大膽舉動，讓電視機前觀眾們感到相當刺激，他們早習慣看到國家領導人接受卑躬屈膝的奉承。這讓吾爾開希一夕之間變得家喻戶曉，最終成了政府頭號通緝犯名單上的第二名。

在這場運動的所有悲劇人物中，吾爾開希的故事最令人嘖嘖稱奇，但也是他在六四之後的流亡生涯中，受到最多西方式的誘惑，像是派對、酒吧、女人、卡債，以及媒體曝光等等。他在哈佛待了幾個月，最後從加州聖拉斐爾的多明尼克大學（Dominican College in San Rafael）畢業。曾在洛杉磯的車庫當技工，在舊金山的餐館打雜，然後在台灣南部一個廣播電台脫口秀上當主持人。他後來跟一名台灣女子結婚，定居台北，從事政治評論還有投資基金管理。如今，吾爾開希已經離婚，有兩個十幾歲的兒子。他一直在政治流亡者日益邊緣化的困境中掙扎。「我們沒有戰場。我們沒有舞台。」他疲倦地坦承，在中國政治與經濟力日益茁壯下，與之為敵是越來越不切實際的事。

那麼，為什麼他要花這麼長的時間寫他的書？「我會給你一個很長的答案，假裝成藉口，」他說，一邊發出低沉的笑聲，「但其實是因為我很懶。」這本散文集有很多篇章關於台灣，吾爾開希把這本書當作是送給他第二故鄉的禮物。不過要寫他個人的回憶錄，時機還未成熟。「在我寫自傳前，我需要做更多的事情，」他堅稱，「天安門事件只是開篇，而不是整本書。」

維吾爾之子

吾爾開希自小就接觸政治，在十一歲的時候成了小紅衛兵。當時正值毛澤東十年混亂的文化大革命末期，小紅衛兵效仿他們的前輩行事，那些前輩的目標是「摧毀舊世界，建立新世界」。最初加入紅衛兵的都是大學生，他們以「破四舊」——破除舊風俗、舊文化、舊習慣、舊思想為目標，專門攻擊反革命分子，把他們的學院機構搞得天翻地覆。身為一個小紅衛兵，吾爾開希在學校學習了抗議的藝術，他參加模擬成人政治活動的小版群眾集會，在集會上大喊口號，高唱革命歌曲，還煞費苦心抄寫批評鄧小平的海報。後來，吾爾開希變成少年先鋒隊員，頸上圍著象徵革命烈士鮮血的紅領巾，最後還加入了共青團。

跟一般學生領袖出身不同，他的父母是來自新疆突厥少數民族的維吾爾族，新疆邊界與巴基斯坦、阿富汗及其他國家接壤。不像大多數維吾爾人那樣信奉伊斯蘭教，兩人都是共產主義的忠實信徒。吾爾開希的父親曾是一名四處奔波的牧牛人，十四歲的時候被優先送去北京接受教育。吾爾開希的童年時期，他父親的工作就是將馬克思、列寧和毛主席的書籍翻譯成維吾爾語。文革期間，當兒子在學校製造政治混亂的時候，父親則幾乎被批鬥到要自殺的地步。儘管如此，他父親仍繼續在國營出版社工作，直到兒子參與一九八九年的抗議活動，才中止了他的晉升機會。

吾爾開希的母親也在北京的中央民族大學出版社工作，他們一家就和其他「維吾爾出版人」一起住在「新疆區」。自小，吾爾開希就極為崇拜軍人——那時，每個小男孩的夢想都是成為士兵。他最喜歡的遊戲就是穿上一件小版海軍制服，頭戴一頂繡著金錨的帽子。他最好的朋友伊爾奇姆（Erkhim）與伊利夏提（Ilshat）也會穿上兒童版的陸軍和空軍軍服，三個小兄弟就一起玩打仗遊戲。不過當時北京一直有輕微的種族歧視狀況，吾爾開希十六歲的時候，他的父母出乎意料地決定要搬回新疆省會烏魯木齊。

吾爾開希積極參與政治活動的熱忱，隨著當地出版的一份野心勃勃的學生報紙一起激發出來。當報紙發行到第三期的時候，已經賣到校園外了。吾爾開希尖刻的社論最受矚目，而且越寫越發大膽，最後還在一篇文章斥責一名粗魯的老師不僅毆打學生，還閱讀他們的信件。這份報紙的名字叫《出頭鳥》——出自中國諺語「槍打出頭鳥」，比喻出頭的人容易成為被打擊的目標。事實上，刊登吾爾開希批評老師之文章的第三期，成了該報的最後一期。至於吾爾開希這隻出頭鳥呢，則是立即被開除學籍。

到了下一個學校，吾爾開希對政治的介入又更上一層樓了。他遊說學校允許學生兼職打工，然後再說服這些學生將他們部分的薪水捐給當地一家孤兒院。他在參觀一間孤兒院時，被其年久失修的慘況嚇到了，於是他寫了投訴信給省的最高官員，新疆維吾爾自治區的黨書記。這件事驚動了高層，吾爾開希被共青團團長召見警告。然而那個時候，大學入學考試正迫在眉梢，所以吾爾開希改變策略，轉而將全部精力投注在準備考試上。他設計了一套讀書方法，每晚只睡五小時，分三個學習時段，盡量擠出時間來念書。如此的辛勤努力得到了回報，他考上全國最好的教師培訓學院，在北京師範大學就讀教育管理專業，這給了他回首都的車票。

當時百分之九十九的人都無法上大學，吾爾開希就這樣變成了那百分之一的菁英。光是被大學錄取，就能讓普通的青少年升格成「天之驕子」，讓他們鶴立雞群。註冊入學之後，吾爾開希發現，高年級的學長姐都認為大一新生很膚淺、唯利是圖、自私自利。他開玩笑地說，從前時候學生們被分成四類：迪斯可咖、麻將咖、賺錢咖，還有一類是打算出國留學的托福咖。在當時的時代氛圍下，吾爾開希過著一生中最逍遙的時光，晚上出去玩、和女孩子約會、打工賺錢，在課業上就是打混過去。他對政治完全不感興趣。但是一九八九年四月十五日胡耀邦過世後，一切都變了。「那一刻，我們所有封閉的感官都甦醒了。一夜之間我們變得非常關心政治。」

萬眾矚目

吾爾開希喜歡回憶他在運動早期時候的樣子，說自己簡直像個「將軍」一樣，在他的學生軍團面前相當有威信。他是最早出頭的學生領袖之一而聲名大噪，卻全然不知日後這將使他走上二十五年的流亡之路。他在胡耀邦去世兩天後首次登台亮相，當時有數百名學生聚集在北京師範大學的校園裡，悼念這位已故的領導人。成群的年輕學子齊聚一堂，卻因為緊張焦慮而靜默無聲，誰都在等著別人第一個站出來說話。

對吾爾開希來說，往前踏出一步是一個瞬間的決定，不是出於什麼政治考量，而是因為他對這種集體怯弱感到厭惡。「我不想做縮頭烏龜。」他回憶道。所以他站出來了，聲音又響亮又清晰。「我叫吾爾開希。我是北師大學教育管理學院八八級的學生。我住在三三九宿舍。」吾爾開希公開了他的個人資料，這不僅是公然藐視當局，他那帶有獨特維吾爾風的名字，還保證讓所有人從那刻起永遠記得。

一天後，他在張銘加入運動的同一場靜坐上，再次成了鎂光燈焦點。一如以往，吾爾開希又把自己推到最前面、最中心的位置，擔任起領導的角色。他自稱：「選學生領袖的時候，只有我站了出來。」吾爾開希站在學生群眾的最前面，要求所有學生寫下自己不敢大聲說出的想法。然後他再用幽默的實況評論方式，大聲朗讀那些寫下來的話，他的衝動性格和戲劇性一覽無遺。

在這場運動還在凝聚的早期階段，吾爾開希認為自己既是全劇導演又是製片人。靜坐持續了幾天之後，他在北京師範大學發表了一份公報，呼籲發起罷課及一場學生集會。他沒想過接下來會如何發展，所以當成千上萬名其他學校的學生在集會前開始湧入校園時，他感到相當吃驚。政府也在緊盯局勢；在吾爾開希釘好他的第一張海報不到幾個小時，他父親就被從中央黨校給傳喚，還去受訓學習如何管教任性的兒子。他父親為尋找兒子，一整天從一個宿舍找到另一個宿舍去；而這個兒子也同樣在躲避父親，極力避免公然忤逆長輩的情節上演。

集會指定的時間到來，成千上萬的學生聚集在他的校園裡，吾爾開希幾乎走不過去。為了讓眾人能夠看到他的身影，他爬上了女子體操的高低槓上，這是他所能找到的最高的地方。吾爾開希坐在最高的鐵桿上，雙腿踩在較低的桿子。他請志願者將手電筒的光打在他的臉上，充當照明。他還創造了一種「群眾傳聲筒」，請距離近的學生幫忙大聲複誦他的話給後排的學生群眾聽。現場，估計有六萬名學生參加集會。[1]從黑鴉鴉的人群裡射出的所有燈光，全都照在同一個人身上，形成了萬眾矚目的一刻。吾爾開希低頭往下看，正好看到自己的父親就站在面前。他的父親像是一夜之間老了好幾十歲。[2]

葬禮上的司令員

胡耀邦葬禮前夕，這群學生只有一個目的地。一間接著一間學校的學生走出大門遊行，隊伍排成五列，旁邊有擔任糾察隊的學生排成警戒線，他們其中一隻手臂上戴著紅袖章。

一抵達天安門廣場，吾爾開希就命令學生們挽起手臂，一起穿越廣闊的場地，把廣場上的其他人都趕走。從這個臨時起意的舉動看得出來，學生們想要保持運動的純粹性，也許他們擔心，非學生人士的參與會使他們受到「黑手」滲透的指控。

當天晚上，他們在廣場上紮營露宿。翌日，四月二十二日，當中國領導高層聚集在人民大會堂裡參加胡耀邦的追悼會時，成千上萬的學生湧向廣場。軍隊全程透過廣播向學生發送消息，場外的學生聽到胡耀邦的棺木繞過他們，從後門離去時，全都很憤怒。大群學生聚集在大廳的台階下，在吾爾開希的帶領下高呼「對話！對話！李鵬出來！」等待總理出面的時間越拖越長，過程中周永軍等三位學生代表越過武裝警察在會堂前布的封鎖線，到台階上下跪懇求接見。那份七點請願書卷軸高高地舉在頭上，一副古代忠心耿耿的老百姓向皇帝求情的模樣。

隨著時間一分一秒過去，這個極具政治象徵意義的時刻變得越來越荒謬。三個學生跪了半個小時，剛開始帶有一種反抗，最後變成了絕望。一些學生開始哭了起來，因為他們越發感到被領導拋棄。看在吾爾開希眼裡，下跪是一種很封建的姿態，正是他所憎恨的溫順與軟弱。他告訴我：「我感覺我是在指揮一場戰鬥，但下跪不在我計畫之中。」學生人數遠遠超過士兵人數，他曾冀望能利用人數之眾來威嚇對方，然而事與願違。下跪，就代表把主動權讓給了關在大廳裡的共產黨領導人。吾爾開希形容，他當時對此感到厭惡，「我不知道我能不能指揮得動三千或者四千呼號的民眾。那不是我能做到的事！」他自封當晚行動的「司令員」，吾爾開希最後下令學生從廣場撤退，返回各自的

絕食抗議的完整事實。黃明珍寫道，「一開始就像個遊戲，學生們在指示下很誇張地昏倒，然後全世界的媒體就當他們是真的在挨餓。」[5]

玩這個遊戲的翹楚就是吾爾開希，他在絕食過程中穿插了一場充滿戲劇效果的昏厥，自稱是因為罹患一種神秘的心臟病。他有自信到甚至還找了一位西方記者幫他作弊，並賭他的個人魅力能保護他不被抓包。吾爾開希半夜捎訊息給美聯社記者潘文（John Pomfret），請他開車到外邊的市場幫他買食物。「我不能自己去買，」吾爾開希解釋，「如果被人看到，會對運動造成影響。」潘文在他的書《中國課》（*Chinese Lessons: Five Classmates and the Story of the New China*）中描寫了吾爾開希偷偷滿足口腹之慾的樣子，「吃完豬肉麵後，他又吃了雞絲麵、青椒和火腿麵，還有湯麵——他在我旁邊把所有食物都掃個精光。」[6]潘文在十六年後才寫出了吾爾開希的欺騙行為。

當我向吾爾開希求證這是否屬實的時候，他停頓了很久。「他不應該寫出來，」他勉為其難地說，「這很不友好。」

「但，那是真的嗎？」我追問。

又是好一陣子的停頓。然後他往椅背上靠，深深嘆了一口氣。

「不予評論，」他說。整個人突然看起來累癱了。

黃雀行動

不久之後，蘇聯總理兼共產黨總書記戈巴契夫在全世界媒體的注目下，到中國展開了標誌性的國是訪問，希望重新開啟與中國黨對黨的聯繫。媒體原本爭相要來報導這場高峰會，最後卻被學生占領天安門的事件吸引了過去。至此，吾爾開希權威的影響力似乎已到了極限。他原本打算釋出一點善意，為戈巴契夫的歡迎儀式清空一半的廣場，藉此展現學生們理性的愛國之心。他才剛說服一群學生撤出一塊空地，空地卻很快地又被另一群人填滿——新來的人是一般支持民眾以及其他更激進的學生。

隨著學生運動如雪球般越滾越大，政府內部的保守派與改革派之間出現矛盾衝突，與此同時，學生群眾也因為對運動的發展有不同的想法而分裂成不同的派系。不過，學生們在五月底的一次會議上，罕見地意見一致達成共識，決定退出廣場。但即使如此，在這項共識宣布之時，仍然遭遇一些之前未參與開會的學生反對而開始瓦解。雖然學生們要求民主，但他們卻無法在自己的團體中貫徹民主的原則，完全無視少數服從多數的概念。吾爾開希還在廣場上的時候，就深切地認識到這一點，他告訴一位記者，「我了解到一件事，民主意識與環境和人民是不可分割的。正如我曾說過的，中國改革面臨的最大障礙是它的十億人口及五千年的歷史。」[7]

這個時候，吾爾開希正積極地尋找逃亡路線。他再次向記者潘文尋求協助。潘文開車將他載到一位北歐外交官家裡，吾爾開希在那兒打聽一些關於政治避難的問題，甚至詢問是否有可能潛入外交使團。「我該去往何處？」據潘文的回憶錄，吾爾開希這麼問外交官。「我坐牢還太年輕了。」鎮壓事件之後，潘文遭指控保護學生組織領導人以及使用非法手段獲取國家機密，被驅逐出中國。[8]

六月三日，吾爾開希在他的學校向一萬多名學生作了最後一次演講。「天安門廣場是我們的，是屬於人民的。我們不允許屠夫踐踏它，」他發下豪語，「我們將保衛天安門廣場，保衛廣場上的學生，保衛中國的未來。」[9]回到廣場後，他又再次激動地宣誓，他將為保衛天安門奉獻畢生心力，「我可能會被殺頭，也可能流血，但人民的廣場不會消失。我們願意犧牲我們的年輕生命，戰到最後一卒。」[10]

結果，吾爾開希卻在學生最後撤離之前就離開了廣場。當解放軍部隊開始集結時，他躲藏在一輛載滿傷患的救護車後面，被偷偷帶了出去。救護車開離現場的半路又被攔住，有一群人正抬著一名傷勢非常嚴重的學生。最後這名學生被塞在吾爾開希身旁。這名學生頭部中彈。「我永遠不會忘記，我離開天安門廣場的時候抱著一具屍體，」[11]吾爾開希後來回憶道。救護車把他送到醫院，從此展開了漫長的流亡之旅。

頭號通緝犯名單公布了，吾爾開希位居第二，王丹排名第一。王丹決定不逃命，所以他回到北京，當場被捕並被判刑四年；一九九五年他再次被逮捕判刑十一年，後來因保外就醫獲釋，跑到美國去了。

吾爾開希的顯著特徵成了逃亡過程中的阻礙。他和女友劉燕在逃亡香港的途中，一起躲在朋友家、醫院和寺廟裡，和張銘當時採取方法的一樣。他們聯繫了名為「黃雀行動」的地下通道，這條通道不可思議地是由各路人馬組成，例如香港親民主的政客、名人、黑幫，還有西方國家外交官等。「黃雀行動」這個名字取自中國諺語「螳螂捕蟬，黃雀在後」。[12]鎮壓行動剛結束不久，二十一名頭號通緝犯中有七名學生成功逃出了中國，其中大部分是受到黃雀行動的幫助。[13]這個行動前後總共將大約四百名異議分子救出中國。[14]

幫助吾爾開希逃亡的計畫，大概是黃雀行動最昂貴的一次，約耗資七萬五千美元。香港民運人士透過他們的地下關係（其中包含了惡名昭彰的新義安三合會的五虎成員之一*）利用走私路線將學生帶出中國。[15]營救吾爾開希時，頭兩次的嘗試都失敗；因為風浪太高，快艇無法靠近岸邊，然後又有軍方巡邏隊破壞了計畫。但是營救行動不管有

* 譯註：五虎分別是灣仔之虎陳耀興、尖東之虎杜聯順、尖東虎中虎黃俊、屯門之虎豬頭細、灣仔雙虎甘仔與遮仔。

沒有成功，每一次都要付給把持這條走私路線的黑幫兩萬五千美元。[16]

最後，等了將近一個星期，吾爾開希和劉燕被送到一個偏僻的牡蠣養殖場。他們被告知待在原地，直到水面上出現兩道長長的光照。一旦看到光照打的暗號，就要朝它的方向游去。他們等了又等，等到差點要放棄的時候，終於看到燈打出來了。兩人穿著牛仔褲和運動鞋涉水出海，奮力游向中國以外的新生活。

一抵達香港，吾爾開希就被一名緊張兮兮的英國官員藏匿起來，並讓他發表一份聲明。聲明影片中顯示，他疲憊得臉色發白，嘴唇顫抖，指責中國政府是「野蠻的法西斯」。在香港期間，他與華語界的瑪丹娜、流行歌手梅艷芳關係密切，她是協助他逃亡的其中一位資助者。二〇〇四年，梅艷芳去世的時候，吾爾開希獲准到香港參加喪禮。那時日的香港已回歸中國主權，根據協議，香港自由五十年不變。當時，吾爾開希的思鄉之情越發濃烈，他跑到邊境處朝聖。在邊界警察的監視下，他將手指伸出了鐵絲網外。「我的手指回到了中國，」他感慨萬分地說。

流亡

即使在中國，吾爾開希也一直是個局外人。他的真名是吾爾開希・多萊特（Uerkesh Davlet）。身為一個在北京長大的維吾爾人，他總覺得自己像個外星人。但是當全家搬到新疆時，他又覺得自己像個流離失所的北京人。這種到哪裡都是異鄉人的感覺，讓他很快就適應了後來長年在美國與台灣的輾轉流亡。一九八九年四月的時候，他曾經告訴美聯社，「在這個漢族國家，身為少數民族身分還是有優勢的……我們漢語有句話說：『旁觀者清』。我覺得，因為我的血統不同，看漢族的問題比別人看得更清楚。」[17]

然而，流亡對他來說仍是種懲罰，流亡切斷了他與家鄉的聯繫，更加深了他遭遇放逐的落魄情懷。二〇〇九年，烏魯木齊爆發民族衝突，他的父母仍住在當地，而他卻只能遙望。在維吾爾人與漢人的激戰中，有近兩百人死亡（其中多數是漢人），超過一千人受傷。這場動亂的導火線，是因為警方決定制止一場抗議社會不公的和平示威。然而追根究柢是，維吾爾人不滿政治與經濟都被即將上台的漢人政府揑在手裡，而自己卻遭受邊緣化的對待。動亂造成的民族紛擾持續了數天，成千上萬的漢人手持棍棒在街上巡邏，還高喊「消滅維吾爾人！」逼得維吾爾人只能躲躲藏藏。

有一些外國記者搭乘公車前往動亂現場採訪，途中被數百名維吾爾族婦女和兒童半路包圍，他們向媒體抱怨自己的男性親屬被任意逮捕。[18]

在那段緊張的日子裡，吾爾開希無法與他在烏魯木齊的家人取得聯繫。事實上，在動亂發生後有十個月的時間，該省與外界的網路通訊一直處於斷線的狀態，顯示中國統治者意圖使用科技來控制人民。[19]正如吾爾開希在《衛報》上表示，政府正在發出零容忍的訊息，「維吾爾族在自己家鄉被政治打壓，被當作少數民族對待，積怨已久引發這場危機。政府對這場維吾爾人不滿情緒爆發的回應，卻是給他們貼上『分裂分子』和『恐怖分子』的標籤，還向他們開槍。」這顯示，統治者與被統治者之間早已一觸即發的惡劣關係，變得更加惡化。他寫道：「實際上，中國已經在向境內一個被壓迫的少數民族宣戰。」[20]

從那之後，怒火和不滿越來越嚴重，讓吾爾開希認識的一些維吾爾人（甚至中國統治之下受過大學教育的年輕人）都開始對自己的命運感到絕望，心情充滿了苦澀和憤怒，人民甚至談論到要為他們的祖國而死。「我認為當前中國政府對新疆極度緊張，」吾爾開希告訴我。「他們這麼緊張是有原因的。」不過，吾爾開希一直拒絕參與流亡的維吾爾族運動。他辯稱，自己身為民主運動人士的身分，最終會對維吾爾人和漢人有利。

二〇〇一年，吾爾開希走過了一個里程碑：他流亡海外的時間，已經超過了在祖國生活的時間。自一九八九年以來，不像其他流亡的學生領袖可以獲准偷偷回國，或是他們的父母能拿到護照到國外探望子女，吾爾開希一直不被允許回鄉探望他年邁的父母。儘管他試圖以保持低調來換取讓步，但約十年前，關係到吾爾開希能否回國的談派終告破裂。與此同時，他的父母也一直沒能拿到護照。他們的兒子積極參與政治是因素之一，另一個因素無疑是因為他們的種族；鑒於最近民族關係的緊張局勢，很少有維吾爾族人和藏族人獲准離開中國。這使得吾爾開希的兩個十幾歲兒子，至今都從未見過他們七十幾歲的祖父母。對吾爾開希來說，這種強迫疏離的痛苦已經積累了好多年。「我無法忍受的是，事實上我依舊遭受迫害，而我不想對此讓步。」

二〇〇七年，他在新加坡的航班被迫因颱風停飛，他的人生跌入谷底。在等待呼嘯的風雨過去的時候，他看了一部名為《盲山》的中國電影。這部電影講述一名年輕的大學畢業女生，試圖工作賺錢支付她弟弟的教育費用，卻被賣去當新娘。她的買主隨後強姦了她，買主的母親則負責把她按住。對吾爾開希來說，這部電影是他對祖國的所有鄙視的濃縮。在他看來，一般人不再只是默許這個制度，而是更積極地成為這個制度的一部分。那一刻，他突然開始懷疑起自己把生命奉獻給中國是否值得。「我已經還了我欠下的。如果我覺得我有責任去推動民主運動的話，我相信我已經做的比普通人多了。如果我要為我獲得的名聲付出代價的話，我覺得我也付過了。」

秉持著這樣的想法，他冷眼旁觀整個世界湧向北京奧運會，共產黨沐浴在成功的金色榮耀之中。接著，金融危機讓世界秩序重新洗牌，加速了中國成為世界第二大經濟體的腳步。曾經，有許多官員或國家元首向他打開大門表示歡迎，現在突然間都砰地一聲在他面前把門關上。「我感覺被西方民主背叛了。我們變成了麻煩。」他氣呼呼地說，搖著頭，露出不敢置信的神情。「我們之前是英雄，天吶，我們是正義的一方。那場運動被非常清楚地記錄下來。我們當時是領袖，自由民主世界對我們非常友好。」

闖關

大屠殺二十周年紀念日將至，吾爾開希決定不放棄中國，反而試圖想要重新登上舞台，提醒世界認清中國政府的真面目。他同時也迫切地想要再次見到他的父母，即使這意味著他必須在中國入獄也無所謂。於是他密謀了一個計劃，他認為這是對自己義務的回應。「我想通過抗議中國，抗議西方民主國家把我自己送進監獄。我想把自己作為一種提示，把自己變成打破平靜水面的石子。」

他的計畫是飛去澳門，那裡是他在中國大陸唯一可以用台灣護照免簽的地方，然後一抵達當地就向當局自首。即使數十年過去，頭號通緝犯名單從未被撤銷，所以他覺得北京中央政府不可能忽視他這樣一位出了名的逃犯。他在腦海裡想像自己在中國法庭上，強迫大眾公開討論一九八九年的鎮壓行動，或者最終入獄服刑。

當他的同學們都在牢裡蹲的時候，他則在流亡的自由中度過，如今聽起來，那些年顯然更像是沉重的負擔，而不是一種解脫。「我跟王丹在一起的時候，我總是覺得我欠他點什麼，」他告訴我。「我們當時都是學生領袖，我們之前也是好朋友，現在也是。但他在監獄服過刑，而我沒有。我覺得我虧欠了很多人。」對於在那天晚上死去的人的家屬，他良心過意不去，成了心裡的重擔。他想像，如果自己在監獄服刑，可能會以某種方式得到救贖。「我是艘沉船的船長，而我是倖存者。那不是我能吹噓的。在我進監獄之前，我不知道我要如何面對這些人。」

抵達澳門後，中國大陸當局顯然無意將吾爾開希抓進牢中。他被拒絕入境，並關在拘留室裡過夜。他承認，在拘留所裡度過大屠殺二十周年紀念日，讓他感到些許安慰。「在羈押室裡，比我在外面任何地方舉著蠟燭悼念要開心。這是種稍微好一點的紀念方式。」隔天，他就被送上回台北的飛機。

儘管計畫失敗，他還是決定堅守策略。二〇一〇年，他曾希望能從東京飛往北京，但他的機票被取消了。所以在六四的二十一周年紀念日當天，他強行進入東京的中國大使館抗議。他被日本警方逮捕並拘留了兩天，之後在不予起訴的情況下獲釋。二〇一二年，他決定到華盛頓的中國大使館自首。這一次，使館大門深鎖，電話也無人接聽。二〇一三年年底，吾爾開希又做了一次嘗試，他飛往香港，再次試圖自首。他又被迅速地送回台灣。

他與連同王丹在內的其他五位天安門流亡者*一起寫公開信，懇求中國領導人讓他們回家。「我們認為，回到自己的祖國，這是一個國人的不可剝奪的權利。作為執政者，不應當因為我們與你們的政治見解不同就剝奪我們最基本的人權。」[21]結果，並沒有得到任何官方回應。如今，他們的要求變得非常狹隘，目標也隨著這些年越縮越小，只剩下一個絕望和幻滅的世界。

北京當局的冷淡態度迴避了正面衝突，這同時也凸顯了流亡異議分子的無能。就像坐冷板凳的足球員一樣，海外運動人士已被逐出賽場，限制了改變比賽的能力。他們要求回家，又在場外叫囂，更顯得他們使不上力。中國國營媒體《環球時報》登了一篇社論，特意對此發表看法，「民運人士幾乎被邊緣化，因而飽嚐世態炎涼。西方世界對反華力量的支持已經大過了對他們的支持。而且，中國很少年輕人聽過他們。」[22]

北京有效地閹割了吾爾開希的影響力，讓他的大動作看似譁眾取寵。吾爾開希經常聽到這樣的批評，然而他概括承受。因為他相信，自戀對於流亡者來說，並不是奢侈品，而是維持理想所必需。「我見過世界上很多異見領袖，我們或多或少都自戀。就像是必須的，要自我，要成為殉道者。」

攝影棚

一天晚上，我陪吾爾開希到台灣《聯合報》總部上電視採訪。當時，《聯合報》開始為它的網站製作影片。當我們的計程車駛進大門時，一位頭髮斑白的警衛向裡面望了一眼。「這位是吾爾開希嗎？」警衛認出了這張出名的面孔。無論吾爾開希走到哪裡，人們總是想要再三確認眼前走過的是否是那位名人。他經常出現在台灣電視台上評論政治，但是當我向一位知名編輯打探，關於吾爾開希是否對台灣政治有所影響時，對方尖酸地說：「一點影響也沒有。」

一位焦急的製作人在大樓大廳來回踱步，從他的眼神看得出，他正在苦惱到底該如何填補他節目中半小時的空檔。當他看到吾爾開希邁步走進來時，他的表情混合了解脫和敬畏。他鬆了一口氣地笑了，並握了握吾爾開希的手。「晚些時候我想跟你照張合照！」他熱情地對吾爾開希說。「八九年的時候我上高中。我追蹤了所有經過！我甚至還有一件印著你頭像的T恤！」

樓上設備先進的錄影現場裡，有一位溫文儒雅的主持人穿著一身時髦的藍色襯衫，繫著一條灰色領帶，正焦急地等待著。吾爾開希穿著涼鞋、迷彩短褲和一件褪色的灰色

＊　譯註：另外四名天安門人士為胡平、王軍濤、吳仁華、項小吉。

polo衫，邁著大步走進攝影棚時，整個房間瀰漫著焦躁的氣氛。一進棚內，吾爾開希馬上用一種少有的謙遜態度向主持人道謝，說「這次一對一的機會非常難得。」這卻讓走廊上的氣氛從不安轉為尷尬。但當製作人開始倒數計時的時候，吾爾開希很明顯振了振精神。就在遙控攝影機開始運作的那一刻，昔日的指揮官又回來了。在這十二分鐘的節目裡，他算準時間醞釀自己的怒火，突然情緒激動地大發議論，指責台灣馬英九政府向中國共產黨領導屈服。不管他是不是穿涼鞋，這個節目也夠嗆了。

廣告時間過後，主持人請吾爾開希回應外界對流亡異議分子運動失敗的批評聲浪。「我們自己很慚愧，」吾爾開希坦白地說，「的確是我們沒有做好。」他引用了另一個流亡人士的話，承認他們「得到了天空，卻失去了大地」。事實上，天安門學生成功逃到海外之後，卻看到一些他們從未聽聞過的前幾代早期政治流亡人士，為了搶資源及所剩無幾的影響力而不斷彼此你爭我奪。當吾爾開希談論到那群流亡者無法團結，又急著跑去跟中國政府交涉的道德問題時，走廊上一群年輕製作人卻熱議著膚淺許多的話題。他們目不轉睛地盯著螢幕，對著一張兩位中國當局最痛惡的學生領袖二十年後的合影照指指點點。照片上，發福的吾爾開希坐在王丹旁邊，後者已從一個骨瘦如柴的四眼田雞，蛻變為一位斯文的大學講師。一位年輕女製作人大概沒發現自己的音量太大，她咕噥道：「王丹如今看起來好多了。」

訪談結束的時候，已經八點半了。錄影棚外，早先那位年輕製作人彬彬有禮地來向吾爾開希道謝，卻沒有再提到合照的事。無論如何，下一位來賓已經抵達了，必須要在兩分鐘的休息時間內送進錄影棚。我們已經好幾個小時尚未進食，所以當我們上捷運的時候，吾爾開希說我一定餓了，並向我致歉。他說，他正在努力控制自己的體重，因為總是有人批評他的身材。體重增加的部分原因跟他服用類固醇治療氣喘有關。「我覺得這是我的事，跟其他人無關，」他說，「但是有人說這樣看起來不好，流亡的異見人士就該受苦。」

你曾對上電視感到厭倦嗎？我問他。「沒有，」他說，「這是我的工作。」在他看來，電視節目是現在唯一歡迎他的舞台。他和其他流亡的學生領袖離開中國的時候，實際上還是個孩子，按照西方標準還沒有受過完整教育，而且才剛剛目睹了大屠殺。他們或許應該要接受心理治療。然而取而代之的卻是無所不在的花束、紅地毯，還有令人迷失自我的鎂光燈。他們備受崇拜、所向無敵，直到突然有一天，這些年輕的流亡者發現鎂光燈與奉承都消失了，他們孤身一人，被困在一個陌生世界，甚至連表達自己的能力都沒有。潮流轉向了，而他們是前一波浪潮留下來的漂流物。媒體是他們的唯一盟友，然而在吾爾開希看來，他非常清楚這些盟友是多麼反覆無常。

兩代流亡者

我還待在台北的這段時間，媒體仍一直重複使用相同的手法，繞著最新的知名異議分子打轉，不過在社群媒體時代，變化與汰換之速度飛快。這一次媒體的焦點人物，是首次訪台的盲人維權人士陳光誠，他在一年前逃離中國，過程驚險猶如電影情節。陳光誠是一名自學成才的律師，他在山東省臨沂市揭露了地方政府計劃生育政策的弊端，包括強制墮胎。為此，他先是以莫須有的「聚眾擾亂交通罪」為由被關進監獄，然後又被軟禁在家，全家受到如在監獄般的對待，並受到殘酷毆打。儘管陳光誠失明，仍成功出逃。他在夜深人靜的時候翻過一堵牆，雖然在逃跑過程中扭傷腳踝，最後還是順利逃到北京的美國大使館避難。歷經長時間的高層政治談判，他獲准前往美國，接受紐約大學為期一年的獎學金。在台灣訪問期間，陳光誠捲入一樁新的爭議，他指責紐約大學屈服於中國的壓力，不延長他的獎學金期限。

我曾到某個人權會議同時拜訪這兩位流亡者。當我走出電梯時，迎接我的是滿懷期待的攝影師，他們的攝影機全都高舉就定位，然而一看到只有我一個人從電梯裡出來，旋即又失望地放下攝影鏡頭。陳光誠終於抵達後，他受到了一陣熱烈的掌聲和列隊歡迎。他坐在首席的位子，一群攝影師圍成一個半圓形，各個單膝跪在他面前，宛如是在向這位現代苦難的象徵下跪。吾爾開希則坐在桌子另一頭，他的腳邊沒有攝影師。

這個研討會成員主要是由一群挺著小腹、上了年紀的律師所組成，他們在上面一本正經地談論人權的重要，而記者們則在底下玩手機遊戲。早些時候，一位上了年紀的律師忘記陳光誠是盲人，現場氣氛一度尷尬。「告訴我們，你在這十八天的行程中看到了什麼？」他提了一個很客套的問題，發現自己說錯話又趕忙修正提問，「當然你看不到，但我的意思是，可不可以說說你在這裡經歷了什麼，即使你看不到東西？」至於吾爾開希，則不想錯過宣傳他的散文集的機會，他很正式地將一本他的書送給盲人律師，現場尷尬的氣氛頓時更加濃厚。

終於輪到吾爾開希開口說話時，他又再次對台灣政府猛烈撻伐，震醒了現場打瞌睡的記者。他還指出了兩代異議分子之間的差異，同時稱讚陳光誠的捍衛公民權利的工作。「去做這些很具體的，很繁瑣的工作，可能不像民運那麼有意思，民運可以高潮迭起，可以有幾百萬人上街遊行。它不會像民運一樣夢想宏大，而且好像做到的事情、影響力更大。可人權工作高貴之處就在於它在很具體的、很草根的過程中，一點一點改變著這個世界。」在二十一世紀的中國，誰主張要改變整個制度，就是等於承認自己要煽動顛覆國家政權。在今日的環境下，即使只是想要保護自己的權利（例如試圖確保地方政府尊重中國法律保障的公民權利），在政治上也會變得很危險。

這兩名站在一起的流亡者，猶如一個圓圈的起點和終點，一邊是滿懷雄心壯志的新一代，一邊是時不我予的老人。後來，吾爾開希半開玩笑地說，流亡人士都覺得誰也無法阻止陳光誠自取滅亡。他補充說，自己非常清楚被流亡的滋味是什麼。畢竟，當他第一次來到這裡成為媒體寵兒的時候，他完全無視所有的建議。

「那麼，你會希望給年輕時候的自己什麼建議呢？」我問他。

「閉嘴！」他大笑著說，「別再說了！」

寄望未來

天安門學生的流亡，讓中國失去了非常多傑出的知識分子，其中許多人後來都進了西方學術界。其他人則成了商人或企業家，打理自己的基金，成立科技公司。年輕的學生通常比年長的流亡者更容易適應環境，有些人在海外幾十年後仍難以用英語交談。還有一些人轉向了宗教，其中包括運動中最著名的人物之一柴玲。她在網站上稱自己「成為耶穌的追隨者」，並以此為榮。自哈佛商學院取得企業管理碩士之後，柴玲曾創辦了網路公司，隨後又創立一個名為「女童之聲」（All Girls Allowed）的非營利組織，致力於推動廢除中國一胎化政策。二〇一二年，她對外宣稱，自己出於基督信仰，選擇原諒了下令鎮壓的中國領導人以及執行鎮壓的士兵。[23]「我明白這種寬恕是反主流文化和感情的。」她寫道，「當我們的心裡充滿了和平與寬恕時，我們是在一個很小的程度上反映出耶穌對整個人類的巨大寬恕。」

柴玲的聲明激怒了許多其他的流亡者，尤其因為她曾在學生運動中扮演過舉足輕重的角色。而正是她改變了主意，導致一九八九年五月底撤出廣場的協議破裂。第二天，她請一位年輕的美國人錄製「她最後的遺囑」，這些話後來收錄在紀錄片《天安門》中。她說：「同學們老在問，我們下一步要幹什麼，我們能達到什麼要求。我心裡覺得很悲哀，我沒辦法告訴他們，其實我們期待的就是，就是流血。就是讓政府最後，無賴至極的時候它用屠刀來對著它的，它的公民。我想，也只有廣場血流成河的時候，全中國的人才能真正擦亮眼睛。他們真正才能團結起來。但是這種話怎麼能跟同學們說？」[24]

這段發言讓柴玲備受嘲諷。她在最近出版的自傳中為自己辯護，她只是在試圖表達自己擔憂不可避免的鎮壓正在逼近，卻被誤解了。在她看來，政府的反應在很早以前就已經決定好了。「即使我們在六月四日前就撤離廣場，其他事件也會引發大屠殺。」[25]對柴玲而言，是否提前撤出廣場就可能阻止殺戮，這個問題本身就暗示著學生要為死亡承擔一定的責任。「受害者被當作罪犯，而他們的犧牲被取笑成愚蠢。」[26]

一九八九年，曾多次與柴玲公開發生衝突的吾爾開希則認為，她當時的言論其實是因為過於情緒化，而非某種刻意要策畫鎮壓的計謀。吾爾開希也對任何重新評價學生行為的說法持謹慎態度。「在這一點上，我們要非常明確」，他告訴我，「百分之百確定，是政府的責任。怎麼能讓我們來說，也許我們也要對這種結果承擔百分之多少的責任？在我看來，從邏輯上，這是特別錯誤的。從道德上，是非常錯誤的。這是在敗壞那些逝者的名聲，讓他們蒙羞。」由此看來，連流亡人士現在也開始爭奪對過去的控制權了。

吾爾開希特別提到，他的同學王丹最近質疑昔日天安門廣場絕食抗議的事情。王丹在寫給我的一封電子郵件中，表達了他對此持保留態度，他寫道：「我不認為絕食抗議本身是錯誤的。我認為，絕食抗議的時機應該可以再更具戰略性一些。靜坐示威之後，我們本應該撤出廣場。這只是對於特定做法的反思，而不是在批評整個運動本身。」在各方的放大檢視之下，連針對六四表達的「遺憾」——這個最人性的人類本能——也變得充滿政治敏感性。

在紀錄片《天安門》中，當談到學生們想要什麼東西時，吾爾開希脫口而出：「耐吉鞋。有充裕的時間和自己的女朋友去酒吧。有充裕的自由和平等去和別人談一個問題，能夠得到這個社會的尊重。」[27] 如今，上述的那些願望對現在的年輕中國人來說，並不難取得。他們喜歡網購名牌運動鞋，到提供荔枝馬丁尼酒的酒吧喝酒，旁邊還有穿著火辣的女服務生，甚至還跳鋼管舞。這是一個充滿唯物主義、消費主義和娛樂的世界，是一九八九年的學生無法想像的世界。

然而，學生們在絕食抗議宣言《絕食書》中提到的政治弊端——「物價飛漲、官倒橫流、強權高懸、官僚腐敗、大批仁人志士流落海外、社會治安日趨混亂」——到了現在不僅沒有改善，甚至比一九八九年那時還要嚴重。[28]今天上頭條新聞的貪腐案件所牽涉的金額不是數百萬美元，而是數十億美元起跳。打擊散布謠言的運動，進一步管控了一般言論及網路言論，違者將被判刑入獄。與此同時，公民光是為了要主張法律賦予他們的權利就被逮捕。吾爾開希堅信，這樣日益收緊的政治枷鎖，將使一般中國老百姓意識到，拖延政治改革的代價如今已經超過了進行改革時可能面臨的任何危險。

他說：「一九八九年，促使我們上街的是我們感到絕望，我們對我們的未來感到無望。那種絕望，那種無望感，在今天的中國依然存在，只是形式不同，但也許比一九八九年更清晰。」儘管中國年輕人長年以政治冷漠著稱，但他堅信，這一代的年輕人也能像他那一代的迪斯可咖、麻將咖、賺錢咖還有托福咖一樣，歷經相同的一夕覺醒。「當他們也有機會成為理想主義者的時候，我打賭他們會冒這個險。」

第四章

學生

「就算真的政府是錯的，那也已經過去了，大家會理解的。」

——Feel劉

Feel劉太迫不及待地想要進六四紀念館參觀，幾乎要被手上一大堆的購物袋給絆倒。這個紀念館其實是臨時搭建在香港一所大學的一棟建築物內部。「Feel」是他的英文名字，是來自四川的英文老師取的，顧名思義是因為他的成績非常好，對英文「有感覺」。紀念館門口站著一位身穿黃色制服的志工，Feel劉衝到那人面前詢問是否需要留自己的名字才能進去。對方說，不用，可以直接進去。不是這所大學的學生也沒關係嗎？對方回，沒關係，沒事。那他們知不知道這些東西在中國是被禁止的？對方說，知道，但在香港這邊仍然可以展出真實發生的事。

房間裡擺放著一排椅子，Feel癱坐在其中一個位子上，購物袋則放在面前的地板上，接著他開始觀看一部長達十一分鐘的電影，內容是關於學生運動。他聚精會神，難以置信地瞪大了眼睛。電影播映完畢之後，他又看了第二次。在這期間，他小心翼翼地將他的新iPhone拆封，然後把它插進座位旁的牆上充電，這樣就可以把所有看到的東西都拍起來。當時，我正好站在他身後。他看完第二次電影之後，我上前問他關於這部電影的看法。「第一次見這樣的題材，雖然我已經上大學了，」他回答。「課堂上老師只是大致提一下，但從來沒有提過什麼東西，都是讓我們自己看。他們害怕承擔責任。」從老師的角度來看，教導學生關於一九八九年發生的事件沒有好處，最好不要碰。

「我覺得中國政府很多東西都已經隱瞞，隱瞞，欺騙性比較強。」他不客氣地說。

「你什麼時候開始有這種想法？」我問。

「就是這個時候，就是看的時候有這個想法的。」他回答。「以前我還曾經試圖加入共產黨，那時候我覺得它挺公正的。可能有些事情不太公平，但總體來說還是很不錯。但今天看了這個短片以後，感覺自己瞭解的特別少，尤其對於共產黨的部分。」

Feel是一名二十二歲念行銷的學生，從中國大陸跑來「香港特別行政區」購物。他以相當於大陸價格的三分之一買到一雙閃閃發亮、孔雀藍的愛迪達運動鞋，還買到了他視如珍寶的iPhone，價格同樣相當便宜。我們談話的時候，他很愛惜地撫摸著手機螢幕。「我必須得這樣。我把所有的錢都用來買這個手機了。」他的購物袋裡也裝著要給朋友的名牌化妝品，但大部分是裝著他從中國大陸帶來的食物和水，這樣可以節省開支。

Feel來香港不只是為了買東西，還有為了體驗所有跟中國內地不一樣的事物。他一直在這間大學的校園裡閒逛，想看看這裡和他在中國的學校有什麼不一樣。他甚至專程跑到藥妝店去詢問不同牌子的保險套；這麼直接問關於性的事情在中國是不可能發生的。「這裡的思想很開放。」他興奮地說，「給你一種敢說敢做，敢拼敢想的感覺。」

他走在街上也遇到讓他震驚不已的事。首先是法輪功的學員跑來跟他搭訕，法輪功在中國被打為邪教而遭到禁止。然後馬上又來一個反法輪功的人跟他搭話。他偷偷把兩派的文宣品都塞進包包，在我跟他聊天之前，他已經看完了《九評共產黨》，這份法輪功的出版品大力撻伐共產黨的統治。Feel很快地補充道，他只是想要知道更多事情而已，但無論如何都不太可能反對政府。說到底，他其實對政治不感興趣，基本上是那種隨波逐流的人。

無人知曉坦克人

在西方，「坦克人」被視為天安門的標誌性圖象——一名身穿白襯衫黑褲子的削瘦男子，在長安街上面向一列坦克。這張照片攝於六月五日，大多數的殺戮事件發生後的第二天。這名年輕男子雙手各拿著一個塑膠袋，彷彿他是在買東西回家的路上，自發地決定要站出來挑戰國家武力。從北京飯店陽台拍攝到的影片顯示，在一長列的坦克車從大街上向這名男子衝來以前，他就已經在前方站定位。第一輛坦克想要繞他，他頑強地跟著移動擋住去路。當它停在他面前時，他爬上坦克，和一名從艙口往外偷看的士兵交談。據一份未經證實的報告指出，這位坦克人曾大喊：「掉頭！停止殺害我的同胞！」[1]影片顯示，他接著被三個陌生人推拉走；這些人是安全部隊的人還是試圖保護他的支持者就不得而知了。儘管經過多年努力，還是沒有人能查明這個人後來發生了什麼事，甚至無從得知他是何方神聖。

現今還有多少中國年輕人知道坦克人的事？為了測試網路時代裡中國審查制度的效果，我設計了一個很粗略的實驗。我把這張坦克人的照片帶去四所北京的大學校園裡，分別是北京大學、清華大學、人民大學和北京師範大學，他們的學生在一九八九年的運動中起了領導的作用。我很好奇，今天有多少網路世代的學生能認出這張照片。我詢問到的都是中國受過最頂尖教育的學生，是菁英中的菁英，然而絕大多數的人看到照片的時候都一頭霧水。「是在科索沃嗎？」一名天文學系的學生問道。「這是在韓國嗎？」一位正在攻讀行銷博士的學生大膽猜測。另一位正在北京師範大學從事教育研究工作的學生則問，「感覺有點像天安門哪兒，但不是吧？」一百名學生中，只有十五個人正確指認出這張照片，其中兩人從沒見過照片，但猜對答案。而事實上，誤以為這是張閱兵照片的學生人數比認出來的人還多，總共有十九位。

在那些認出「坦克人」的學生中，有一對情侶反應非常劇烈，他們倒抽了口氣，大驚失色地閃躲這張照片。一位和我用英語聊天的年輕北京人，甚至不由自主地叫了出來：「我的天吶！」幾名學生聲稱自己不知道這張照片，但是他們的反應出賣了自己。「這是個敏感話題，」北京大學一位年輕人緊張地說。當我問他是否願意談談這件事時，他回答，「我覺得我不能。」然後就落荒而逃了。另一名大學生則展露了一副黨員幹部的模樣，一本正經地說，「這張照片也許是關於一次反革命事件的，大概發生在我出生後的兩三年。」

不過我更驚訝於我自己內心經歷的自我審查。當我拿著這張坦克人的照片去面對這些年輕學子的時候，有種像在從事什麼異端行為的感覺，就好像我正朝著這些整齊劃一樹木成蔭的校園，投擲一顆意識形態的手榴彈。我變得緊張兮兮，深怕可能有人會向警察或大學的警衛告狀，說我算準了個別學生不太可能向當局舉報外國人，所以特意只找落單的學生交談。儘管我清楚記者身分讓我有辦法在中國來去自如，但我仍變得疑神疑鬼，懷疑自己可能會因為只是亮出「坦克人」的照片就被拘捕。

我原本並不這麼擔心的。但這項非正式調查結果卻讓我驚覺，中國共產黨在這些中國最聰明的學子心目中的地位有多高。事實上，好幾位認出「坦克人」的學生都為政府的行為辯護。「我認為當時國家的反應是有一點過激，」一名就讀人民大學英語系的年輕學生表示，「當時，國家鎮壓這個暴亂是有它自己的原因的。因為當時新中國剛建立，而且經歷了很多不穩定因素。這個時候再出現暴亂的話，很可能中國的政權會不保。而且當時有很多外國的勢力要利用這個暴亂製造事端，想趁機推翻新中國的政府。」她相信，政府已經表現出值得讚許的克制力，允許抗議活動持續了那麼長時間，只有在「外國勢力」開始挑起事端後，才開始採取行動。接著她很快地指出，她對「一九八九年事件」的理解並非來自官方渠道，而是來自自己的課外閱讀。

「每個國家都會有醜聞，」另一位就讀清華大學創業研究的女學生沉著冷靜地用流利的英語回應。「我知道很多人指責我們的政府，確實他們也做了很多需要被指責的事情。但問題是，如果另一個黨派來統治中國，結果會是什麼呢？也許不會像人們想像的那麼美好。就目前狀況來說，我們要感激他們為我們做過的事。」她認為，中國政府的行為符合多數人的利益，那些譴責中國行為的國家反而應該要回頭看一下自己的前科。她說，「其他國家才沒有真正的言論自由。」這個回答直接照抄了中國宣傳機器的套路，藉由指責其他人，巧妙地移轉了焦點。

一名年輕的醫科學生坐在學生餐廳外面一輛閃閃發光的摩托車上，他手上戴著一只高級的手錶，穿著一件招搖的黑白T恤，上面印著香奈兒的標誌。「這個很可能是假的，」他一邊緊盯著照片說，一邊想到網路上大量的假照片，還有數位照片編輯工具的精細技術。他下了定論說，「只憑照片是不可信的。我覺得這個很可能是假的。」說完，就戴上一副昂貴的名牌墨鏡，騎著摩托車揚長而去，臨走時還吸引了幾個女生回頭看。

相較之下，當時的中國學生在六四事件一發生之後，可就沒那麼輕易地吞下政府的說法。有鑑於政府粗糙拙劣的宣傳手法，這也許不是太令人意外。[2]政府有時甚至會倒轉電視畫面，讓人覺得軍隊是在示威者失控之後才開火，掩蓋了那些平民投擲石塊是為了報復軍方開火的事實。杭州西湖電子研究所在一九九〇年進行的一項調查發現，實際上只有百分之二到三的學生對黨的說法「深信不疑」。[3]當時，網路還沒出現。現在，每個學生都會上網。然而，宣傳機器已打下了非常良好的基礎，讓大多數的學生根本沒有興趣去質疑事件的官方版本。

回到中國

Feel從沒看過「坦克人」的照片。在來香港旅遊之前，他曾嘗試在網路上搜尋有關六四的資訊，但因為不知道怎麼使用虛擬私人網路（Virtual Private Network，縮寫為VPN）翻牆，所以沒找到什麼東西。當我接受他的邀請，到他位於中國南部的大學拜訪時，他才告訴了我這件事。他的大學離香港有幾個小時公車車程的距離。這趟旅程非常舒適，公車配有空調，平穩快速地行駛在公路上，沿途經過的風景混雜著翠綠色的棕櫚樹、粉紅磚牆的三層房屋，以及城市擴張的痕跡。近來基礎建設熱潮中所興建的高速公路，猶如無止境的灰色緞帶縱橫交錯，但有一些蓋到一半就廢棄了。

午餐的時候，Feel選了一家裝潢充滿橘黃色調的速食餐廳。他變得有禮又低調，一點也不像幾天前我遇到他時那樣的亢奮。他甚至試圖為自己在香港的行為辯解，說他當時的行為不太妥當；那裡環境太陌生，太擁擠，而且他也有點累了，現在他已經恢復正常。我在香港的時候滿喜歡跟Feel聊天的感覺，因為我覺得他很坦率，但是現在，離他的學校越接近，就越能感受到一股漸漸升起的疏離氛圍。這個轉變讓我相當吃驚。

從市中心到他校園的一小時公車旅途中，他不停地問我關於錢的問題，例如在香港看電影要花多少錢？我跟我先生在銀行有共同帳戶嗎？我每個月電話費多少錢？他關心的面向都是物質上的，好像金錢是決定幸福的主要因素。

公車顛顛簸簸地穿過城市，以前的舊鄉村景象已不復存在，但是這裡的郊區仍舊沿襲著過時的舊名。一座座摩天大樓就聳立在大得驚人的廠房和宏偉的政府辦公大樓之間。當車子終於接近城市邊緣的時候，我們鑽入了一個一點也不像中國，反而比較像矽谷的地方。修剪整齊的灌木叢和樹木排列在平坦的道路上，兩旁還有閃閃發亮的嶄新樓房，在鬱鬱蔥蔥的樹林間若隱若現。附近傳來養鴨場的嘎嘎聲，像是提醒著人們，這裡在不久前還是農村。

Feel的學院位於最近新建的大學城，估計總共有八萬名學生，這是中國大力投資高等教育的證明；在過去十年裡，學院和大學的數量增加一倍。[4] 一九八九年，高等教育只有兩百多萬名學生。到了二〇一二年，人數翻了兩倍，達到將近七百萬。然而，仍有些事沒有改變。我在一所大學的廣場上看過一個標語，簡明扼要地表達了校園生活仍充滿各種限制：「工作場所：禁止坐下或躺下、停車、玩耍，或製造噪音。」

Feel認為消磨時光的好主意，就是邀請我去參加一堂兩小時的行銷課程。我們快步爬上教學樓，走進一個大禮堂當起旁聽生，台上的講師正在用投影片講述售後服務的重要性（「不要忘記：客戶是你的資金來源」）。我坐在後排，習慣性地做了大量筆記，直到我發現班上只有我一個人這麼做。大多數的學生甚至沒有帶筆或筆記型電腦，很多人都在桌下偷偷地用手機發訊息或玩遊戲。坐在前排一位年輕女子正用她的手機錄下整堂課；她是現場唯一一個嘗試用任何方式做紀錄的人。

過了一會兒，我因為學生們T恤上印的字樣而分心了。我最喜歡的一句是「Wicki Wacky Woo」，閃亮亮的字母裝飾在一位年輕人的胸前。而坐在我前面兩排的另一個學生，他的T恤則標示著他是「努力不懈全球營銷二班」的一員。

Feel的旁邊坐著他的好朋友Moon，Moon用膠帶將眼鏡很逗趣地黏在一起。課堂老師賣力地試圖引起班上同學對課程的興趣，他強迫學生上台扮演銷售人員和顧客。實驗證明，表揚客戶是一項艱苦的任務。一位很不情願參加的同學承認自己的人際交往能力很差，他想不出任何一句讚美的話來稱讚他的同學。現場陷入一陣尷尬的沉默，然後他突然靈機一動，竟然說：「你有一支很棒的手機！」

早些時候，我問過Feel是否喜歡閱讀。「喜歡，」他認真地回答，「我喜歡看片。」我問他，他最近讀了什麼書？他思考這個問題思考了很久，然後說他不記得最後一次讀完一整本書是什麼時候了。他讀過奧運羽球冠軍林丹很激勵人心的自傳，但也只讀了一半。這本書就放在他宿舍的書架上，旁邊還有另一本課外書——一本雙人傳記，概述了兩位國內商業偶像的成功策略，一位是被稱為「打工皇帝」的唐駿，另一位是阿里巴巴的馬雲。書上的宣傳標語寫著：「成功可以複製。每個人都可以晉身成功人士。」

這些學生最關心的就是功成名就，對他們來說，金錢就是衡量成功的唯一標準。他們未來進入就業市場的時候，將會面臨經濟成長放緩，高等教育擴張導致就業機會減少的窘境。根據一項調查結果，只有百分之三十五的應屆畢業生找到工作。[5] Feel和Moon都是家族裡第一個上大學的人，他們都知道，如果找不到工作，就會糟蹋了他們的父母在孩子教育上投入的多年辛勞。

Feel一心想著要為明年找一份實習工作，到時他應該能累積一些工作經驗。若能在一家大公司找到職位，就更能建立自己的關係網絡，讓他在競爭激烈的就業市場中占有優勢。他在猶豫的另一個選項是，參加學校強制安排的實習工作，因為這可能會讓他花一年的時間只是在超市裡替商品上架。而且這個職位在行銷金字塔的最底層，薪水也相對較低。高等教育的擴張已經削弱了早期獲得學位就能向上流動的保障，還有就像當今中國大部分的生活領域一樣，那些名片盒塞得飽飽的「關係」良好人士永遠都能獨占鰲頭。Feel知道自己的人脈不夠廣，但他自立自強，下定決心要變得更好。

他原來就已經有一個收入來源。他研究了他父母在運輸業的工作後，自己跑去當仲介，幫工廠招募大學生來暑期打工。工廠的工時很長（一天十個小時），而且工資也很低（大約一個小時一點三美元），但包食宿。儘管如此，仍然一直有學生願意加入。從宿舍四周貼滿的廣告來看，Feel不是唯一從事這一行的人。有些廣告還提出誘人的條件，例如工廠裡有卡拉OK、乒乓球桌，還有食堂，每餐供應三菜一湯。Feel從事這份工作，每招聘到一名學生就會拿到大約三十塊美元的佣金，或是以他名義去招聘人的承包商會以人頭計價，每招到一個人就支付他八塊錢美元。

他自己則不做工廠的工作。他曾嘗試在一家電子元件工廠的裝配線上工作，但只撐了幾個星期。他想要從事比在工廠工作還要更有趣的事。Feel認為，現在最大的挑戰就是找到適合他的工作。不像他父母那一代，Feel不願意忍受一份自己不喜歡的工作。「如果合適的話，也可能會做一輩子。」他說。「也許做一段時間後感覺累了或是不喜歡了，也可能會跳槽。」Feel覺得他很難理解為什麼明明在別的地方很容易找到輕鬆的事做，老一輩的人卻還是願意忍受這樣辛苦的工作。「你為什麼要去做農民工，勞苦一輩子？當一個老闆只需要打幾個電話，就能賺到十倍的工資。所以說這種東西都在於你自己嘛，在於你的能力嘛。」

對農家之子Moon來說，情況則大不相同。他十歲的時候，他的父母為了掙足夠錢供兒子上學，就把他跟哥哥以及自己的農田都交給了他們自己的父母，然後離開去工廠找工作。「他們特別刻苦耐勞，」在學生餐廳裡，Moon 一邊對我說，一邊埋頭吃著大碗裡的燉肉。這間餐廳模仿時髦的咖啡館，融合了工業風還有紅白相間的中國風格。「跟他們比起來我們太懶了。」

在過去兩年的時間，他的父母沒有錢也沒有時間離開工作崗位，到大學去探望兒子。他和朋友們則在學校放假的時候，一起騎腳踏車前往鄉村旅遊，在廉價旅館或朋友家過夜。對他的家庭來說，過去十年來的一些改革，包括取消農業稅、提供九年免費教育，還有引進社會保障制度，大幅提高了他們的生活品質。從 Moon 的角度來看，變化是很實在且正面的。「我覺得社會是進步的，領導人肯定是一屆比一屆好。體制、教育會慢慢完善的。」

此言不虛，過去三十年來全球脫貧的人口中，中國占四分之三。中國自一九八一年以來，已讓六億多的人口脫貧。[6]對一些學生如 Feel 跟 Moon 來說，這些不僅僅是統計數字，而是他們的生活故事。

但即使是在他們的圈子，仍然存在著明顯的貧富差距。我們來到他們的四人宿舍，裡頭有一群年輕男子慵懶地躺在床上或坐在椅子上，沉浸在各自的虛擬世界中：有些人在看影片，有些人在線上聊天，或是用智慧型手機玩遊戲。雖然在我們進來的時候，他們就散開了，但是快速地掃過他們手中各式各樣的電子設備也猜得出一二。Feel擁有的電子產品比其他人來得多，包括一台電腦、全新的iPhone和一個裝在粉紅色皮套裡的iPad。他其中一位室友的手機是入門款，衣櫃只掛了一件衣服。

當晚還發生了一個戲劇性插曲。一名舍監拿著點名板要來檢查宿舍，看看是否有人非法使用電水壺或電熱板，因為這些電器用品可能會導致大樓跳電。這原本是一個突擊檢查，但已有人給Feel通風報信，讓他趕緊把自己的水壺跟電熱板藏起來。然後他纏著舍監，賣力地為一名被沒收水壺的女同學求情。「她在她的宿舍房裡哭，」他厚著臉皮說謊，「她非常傷心。你能不能就把水壺還給她？」拿著點名板的女士無動於衷，只是把眼鏡推上鼻粱，要求違規者寫一份自我批判的檢討書。自我批判與中國的法律制度一樣，在處罰過程中都很注重認罪和公開表達懺悔，即使是像非法持有水壺這類的小錯也不例外。

傍晚，我們在校園裡散步，Feel和Moon自豪地指出他們的圖書館和體育設施建造得多麼宏偉。這是一個溫暖潮濕的夜晚，幾乎所有學生都在戶外，例如在跑道旁練習街舞、進行足球訓練，或者只是閒逛聊天。Feel想和一個跑馬拉松的女孩調情，可是她很快就跑走了，還回過頭來喊，「你什麼時候跟你女朋友分手了？我才不跟你說話。」校園生活充滿著刺耳的蟬鳴和附近農場水牛的低沉吼叫，像是不斷地在提醒學生，如果不夠努力，他們可能會回復到過往的生活去。

瞞天大謊

學生們對一九八九年的無知程度，其實在瞭解到官方多麼拚命將這個「北京之春」從官方版本的歷史中抹去，就不足為奇了。大多數的高中教科書課本都採用最簡單粗暴的方式，完全不提及這段歷史。至於在大學，關於六四事件的篇幅在歷史系學生使用的教科書中也只有寥寥幾頁，不過這些都是法國學者潘鳴嘯（Michel Bonnin）所說的「歷史的瞞天大謊」（monumental historical untruth）。[7]我甚至發現有兩本不同的書用完全相同的文字重複了與事實不符的說法——分別是《中華人民共和國歷史》及《中國歷史新編》，可是這兩本書名義上是由不同作者撰寫的。

這些段落都反映出一個更根本的思維，聲稱西方帝國主義世界「試圖讓社會主義國家放棄社會主義路線」[8]，而共產黨總書記趙紫陽卻疏於為抵抗「資產階級自由化」而鬥爭。[9]這兩本教科書都以《人民日報》的四二六社論〈必須旗幟鮮明地反對動亂〉[10]為基準，將學生示威運動定調為「否定中國共產黨的領導，否定社會主義制度」陰謀的一部分。「社論發表後，」根據教科書的說法，「由於各級黨組織加強了對學生的政治思想教育，使不少學生看清了這場鬥爭的性質，北京以及其他城市的高效開始穩定下來。」[11]這種說法不僅違背了真實，更是謊話連篇。這篇社論激怒了學生，引發最大規模的示威活動，並為這場運動注入新的生命。全國各地都有人在抗議這篇社論，包括瀋陽、大連、石家莊、濟南、昆明、深圳、銀川、桂林這些之前從未發生過任何抗議的城市。[12]

談到軍隊的行動，某本教科書讚揚清場行動過程中，「黨和政府採取了極為克制的態度」。[13]至於士兵向手無寸鐵的老百姓開火的事實，同一本教科書稱，這些行為是出於自衛，因為「非法組織的頭頭策動一些不明真相的群眾在一些路口設置路障，阻截軍車，甚至出現焚燒軍車和殺害解放軍指戰員的嚴重暴亂事件。在忍無可忍的情況下，被迫對那些進行野蠻襲擊的暴徒實行必要的武裝自衛」。[14]

除了教科書之外，六四儼然成了一種禁忌，在公共機構中也幾乎未曾被提起。多年來，我參觀了數十間中國境內的博物館，只發現一間有公開提及鎮壓事件。我是在北京警察博物館裡的一座紀念殉職警察的忠烈祠看到的。這個博物館是一座雄偉的花崗岩建築，正面有希臘愛奧尼亞式圓柱，館藏引人入勝卻又充滿血腥暴力的警察生活片段：像是一支很神奇地可以變成槍的鋼筆；一個乾淨到詭異的灰色行李箱——據說曾經裝著一具被肢解的屍體，被人發現放在往返於北京及丹東之間的火車行李架上；還有一個警察局局長曾戴過的手銬，這位局長不幸地在文革期間被紅衛兵批鬥。

三樓有一整面烈士紀念牆，這是一面有二十五英尺高、極為醜陋的紅砂岩浮雕牆，獻給在執勤中犧牲的警察。牆上突出一塊塊立方形的紅色石頭以及一雙雙巨大的眼睛。有一雙眼睛上戴著一副方形大眼鏡，讓整面牆看起來像一個眼鏡商的石雕廣告。牆上還伸出了許多隻手，分別握著一把手槍、一些手銬，還有一朵花。

一頂警察頭盔和一個金色花圈放在一個玻璃展示櫃中，櫃子頂部則放著兩個皮製書頁的文件夾，上面列出了這裡所紀念的烈士身家資料。英語版介紹寫著：其中有兩名警察「在一九八九年六月四日執行任務時被歹徒殺害」，還有一名在當晚身負重傷。中文的介紹則進一步說明，這些警察是「在執行平定『政治風暴』的任務時被歹徒殺害」。那些知道事實真相的人，可以從用字遣詞知道這句話是在說當年的學生運動以及政府的殘酷鎮壓。但在當代一無所知的年輕人眼中，這卻只不過是一句平淡無奇的敘述而已。

危險的無知

遺忘無所不在，而且不僅僅發生在校園裡，也發生在全國各地的家庭裡。知情或是曾參與過的父母，現在只想要保護他們的孩子，不讓孩子知道到底發生了什麼事。有些人為了保護自己的子孫，甚至不惜撒謊或隱瞞實情。藝術家盛奇就是一個例子。盛奇在鎮壓發生之後，用切肉刀砍下自己的小拇指，以示抗議。他說，那一刻很瘋狂，卻是他日後藝術創作的繆思。他有一組系列作品名為《回憶》，每幅攝影作品都是拍攝他用斷指的那隻手拿著黑白老照片的畫面，包含一張他嬰兒時期戴著中山帽、圓圓胖胖的照片。然而，盛奇始終沒有告訴他十二歲的兒子，為什麼他砍下了自己的手指。每當他兒子問他發生了什麼事，他總是開玩笑說手指是在公共汽車上弄丟的。盛奇承認，他兒子知道他在說謊，但他還是決定在兒子成人之前都不告訴他真相。「我一直在想，編個什麼故事，畢竟他還是個小孩。我想保護他。」

有趣的是，當年中國政府成功粉碎歷史，讓全國集體失憶的奇蹟，如今反而可能成為政府資訊審查的絆腳石。許多太年輕而不曾歷經過天安門事件的年輕人，完全不知道發生了什麼事，但從政府的角度來看，他們的無知反而非常危險。近年來在一些場合上，年輕的媒體工作者甚至沒有意識到經手的素材與天安門事件有關，因此也沒有對其進行審查。

二〇〇七年六月四日曾經發生過一件事，《成都晚報》第十四版的右下角刊了一則小小的分類廣告。廣告只有一行字，寫著「向堅強的六四遇難者母親致敬！」成都維權人士陳雲飛告訴我，是他投了這則廣告，而廣告公司的一名負責人員受理了，但她並不知道「六四遇難者」有什麼特殊意義。當她回撥電話詢問他那個日期代表什麼意思時，他告訴她那是一個礦災的周年紀念。報紙一刊出，陳雲飛被拘留了一天，然後被嚴密監視了六個月。該報的三名編輯被降職，廣告公司也被撤銷。很荒謬地，在這個既成功又失敗的政府審查制度下，他們所有人都是受害者。

翌年，換《新京報》觸犯審查制度，它刊登了一張關於六四的著名照片，上面是一名腳踏三輪車的司機拼命地踩踏板，要送兩名年輕的受傷男子到醫院去。兩名傷者躺在一張木板床上，白襯衫被鮮血浸透了。照片底下的說明簡單寫著「傷者」，這是普立茲獎得主劉香成拍的一系列四張照片之一。看似有意，更多卻是無心地，隨附的文章標題取名為《我用照片記錄了中國走過的路》。根據維基解密公布的一份美國大使館電報顯示，該報一名資深編輯將這一錯誤歸咎於編輯的無知，他們太年輕而沒認出這張照片。編輯解釋，他自己直到接到電話才知道這張照片是什麼。編輯還說因為有可能被處罰，新聞編輯室瀰漫一股「恐懼和氣憤的情緒」，不過該報的資深記者「有興趣重新省視中共對媒體評論一九八九年的禁忌」。這份解密電報的結論是，編輯和其他人「希望此案能成為一個實驗性案例，從而改變報導天安門事件的基本原則，但也承認這件事不太可能成功。」即使到了現在，這種事情也不太可能成功；畢竟國家的基調從未改變。[15]

一九八九年後，整整過了二十年，中國官方媒體才有意打破官方的沉默。二〇〇九年六月四日，《人民日報》旗下的英文小報《環球時報》刊登了一篇名為〈長安大街繁榮可感可觸〉（Prosperity Tangible along Chang'an Avenue）的文章。文章寫道：「六四天安門事件二十年後，中國大陸主流社會對那天發生了什麼事的公共討論幾乎不存在。」這篇文章提供的訊息空洞至極，但僅僅是意識到討論的空缺也算是向前進了一步。另一個關於六四的重大討論出現在二〇一一年《中國日報》（*China Daily*）發表的一篇評論文章。[16]這篇題為〈天安門大屠殺是神話〉（Tiananmen Massacre A Myth）的文章將「所謂的天安門神話」歸咎於西方媒體的「黑色宣傳」（black propaganda），文章認為「天安門事件一直是大多數西方媒體報導中膚淺及偏見的典型例子，也是西方政府為了要控制這些媒體，所發動的『黑色情報行動』之一。中國太重要了，不能成為這種無稽之談的受害者」。

犬儒主義時代

在中國的領土上，只有香港可以舉行公開紀念六四的活動。每年香港會舉行一場大規模的公眾集會，還有一個較小型的，長達六十四小時象徵性的絕食抗議活動。學生紮營的地點通常散落在銅鑼灣旅遊區一個便利購物中心的中庭。我路過的時候，看到幾十個戴著白色頭巾、汗流浹背的學生癱倒在地上的露營墊子上，十分忙碌地用手機打字，還有互相拍照。他們幾乎靜默無語，鮮明地提醒人們，社交媒體正在改變抗議的方式；簡潔扼要的推文很快地取代了昔日那些熱情澎湃、鏗鏘有力的演講。

學生抗議地點的選擇是有經濟學考量的。他們目標是吸引路過的中國遊客——香港現在的頂級消費族群——並希望盡可能分散這些遊客花在購物上的注意力，讓他們更了解自己國家的近代史。

果不其然，當我和一位已經禁食超過四十個小時的年輕學生聊天時，就有兩名好奇的中國遊客就走過來攀談。這兩位中國遊客彼此素不相識，但他們都不約而同地刻意安排了行程，到香港參加燭光守夜活動。他們像Feel一樣求知若渴，不過都已經設法找到繞過中國嚴格的網路管制的方法。其中一位是一名中年的公務員，四十來歲、身材矮小，十年前開始夢想要去香港參加守夜活動。他本來打算跟朋友們一起來，但是一個沒趕上火車，另一個則被禁止離開家鄉，因為他被警察發現了去香港的意圖。這位公務員，曾參與一九八九年在他家鄉發起的學生運動。他告訴我，此行是來撫慰他的良心的；他說，每每想到那些死去的人或是在監獄服刑的人時，他們的聲音就在他腦海裡迴盪。「那年我們一起上街。我們當中被殺的死了，其他的進了監獄。難道你們沒人關心？難道你們都忘了或者不想再說這件事？」

儘管他強烈譴責中國政府對抗議者的暴力鎮壓以及隨後掩蓋真相的行為，這位公務員在過去二十年裡，卻一直在同一個政府底下工作。「你是怎麼日復一日地面對這種矛盾？」我問。他有些侷促不安，一邊擺弄著他昂貴的相機，一邊解釋道，在他畢業的那個年代，幾乎所有的大學生都進入政府工作。他承認這很尷尬，但又不能太怪罪自己。和所有人一樣，他也必須工作謀生。而且，他繼續說道，他在自己的職業生涯裡一直在為大眾利益工作，避免參與「任何邪惡的事」。然而，不到五分鐘，他又描述起他是如何花六個月的時間從農民手中搶走他們的土地，執行一個政府計畫。他承認政府給予農田的補償太低，因此一些村民憤而攻擊並傷害了他的領導。不過至少他們沒當面指責過他。

在中年公務員為自己辯護的同時，比較年輕的另一位中國人則露出輕蔑的笑容。當我轉頭問這位年輕人是如何支付昂貴的法國大學學費時，這下換他尷尬了起來。他告訴我，學費是他那對當警察和政府官員的父母支付的。這段談話讓我想到坐牢的諾貝爾和平獎得主劉曉波的一段話，劉曉波在六四之後被指控為學生運動的「幕後黑手」而入獄。他認為中國已經進入了犬儒化的時代，人們「沒有信仰、言行背離、心口不一」。[17]

如今，這種矛盾比以往任何時候都更常在社交媒體上被點名嘲諷，即使政府試圖出手壓制，這個現象仍很興盛。在我寫這篇文章的時候，中國已有近六億名的網路使用者，這表示，任何言論一發表，保證能在審查者能夠刪除之前就被迅速傳播開來。政府當局一直以來的應對措施就只是取締，在微博上禁止敏感詞，還有盡可能快速地刪除違規的發文。每年到了六月四日前後，官方當局的偏執程度可以從越來越長的禁用詞名單觀察出來。連「今日」、「明日」、「那年」、「特別的日子」都成了敏感詞，被予以禁用。二〇一二年的周年紀念日，審查機構採取行動，禁止任何消息提及上海證券交易所剛好下跌六十四點八九點的神奇巧合。這個數字剛好就是「六四，一九八九」。

接近周年紀念日的日子，網路上的敏感圖片也經常被移除，包含有數字六或四的生日蛋糕蠟燭照片；常在喪禮上用到的菊花的照片；跟坦克有任何一點相似的東西，包括樂高坦克、卡通坦克，或用麻將牌做的坦克。甚至在二〇一三年，連黃色的橡皮鴨都被禁了。這個緣由是來自一位荷蘭藝術家的裝置藝術作品，一隻巨大的黃色橡皮鴨漂浮在香港港口。這個主題隨後被網友拿來惡搞，他們重製了坦克人的照片，把坦克換成黃色橡皮鴨。審查單位迅速介入，但可惜速度仍不夠快，這證明了舊式的審查制度在新媒體環境下的侷限性。

光是政府當局在天安門廣場上試圖阻撓公開報導的行為，就顯露出他們的焦慮有多嚴重。六四二十周年紀念的時候，當局嘗試了一種新策略：在天安門廣場部署「傘人」。在天安門廣場上派駐了許多便衣警察，每個人都大開著傘在廣場上閒逛。因為他們接到明確的指令，要求每個人都要撐傘擋在記者和攝影師之間，干擾外國記者的工作。結果，現場見縫插針的記者搭配上維安人員手上轉圈的大傘，就好像是一起跳了場超現實主義的芭蕾舞劇。由於所有其他事件都不能報導，電視報導上就塞滿了這些傘人，反而無意間讓觀眾意識到政府的極度不安全感。主要的政治會議都在人民大會堂舉行，也導致了誇張的維安措施出現，而且其等級逐年增強，只為了確保不會有任何抗議行為玷汙了廣場。二〇一二年，推出新領導班子的大型黨代會（即中國共產黨第十八次全國代表大會）前夕，養鴿人被禁止放飛他們的鴿子，同時也禁止模型飛機出現在北京的天空中。計程車司機則接到指示，要拆掉車窗的把手，讓乘客無法打開車窗。甚至坊間還流傳一份備忘錄，警告計程車司機要有警覺心，避免乘客試圖將「帶有反動訊息的乒乓球」丟出窗外。[18]

在這種氛圍下，「反動訊息」的意義範疇似乎涵蓋了眾多的內容。我自己在微博上發了一句短短的話就被審查了。我只是簡短寫了「我現在在香港」，然後貼了一張蠟燭燃燒的照片。然後幾乎是馬上就收到了一條警告，說我的發文「被屏蔽」了，只有我本人能看得到，因為「這個微博內容不適合公開」。在那之後不久，蠟燭也從可用圖像清單上消失了，因為政府必須讓網路上完全不能出現蠟燭。

加入共產黨

Feel很愛用微博，但他對在微博上發表政治言論毫無興趣。他喜歡給一些鼓舞人心的格言按讚，用來記錄自己的心情，例如：「慢慢來，不要急。雖然這很難，但我一定能做到。」心情不好的時候，這些句子會夾雜著他心裡一些比較黑暗的想法，例如：「我的意志還不成熟，我很難得到我想要的。」對Feel來說，微博不是一個參與政治的平台，而是一個自我實現的工具。

我在他的學校待得越久，我就越注意到在香港的Feel跟在大學的Feel之間的差異。他緊張得要命，但並非為了避免在我面前出糗，而是出於本能的謹慎，試圖控制自己的言詞。在香港的時候，他被暫時解放出來，可以自由發表意見，「敢說敢做」。回到他的學校之後，情況變得更複雜。他的自我控制其實是一種自我防護；沒有人警告他不要說話。但即使沒有人說，他也很清楚社會對他的期待是什麼。

有時候，以前那個Feel會短暫地跑出來一下，但都只是一眨眼的時間。他承認回到中國後感到很沮喪，擔心中國學生的創造力受到壓抑，不過卻不願再對此多做說明。從未接觸過香港各式各樣觀點的Moon，則對此不甚認同。他對生活的想像來自他父母的生活模板，他們出生的年代，是一個需要官方認可才能結婚、換工作、生孩子、申請護照，和出國旅遊的世代。從Moon的角度來看，他沒有可以比較的東西。「我們肯定比父母那一輩自由一點，生活也好一點，」他一邊說，一邊開心地嗑著葵花子。在所有現代化設施中，他的學院相對孤立，很少有機會跟鄰近學院的學生做交流。「這裡會不會讓你感覺很像在監獄？」Moon開玩笑地問我。在那一刻之前，我從未這麼想過，但在那之後，我無法忘懷那些長得一模一樣的學生宿舍一間疊著一間的樣子，這裡用工廠化的方式，將中國青年培育成可靠又自律的公民。

Feel曾經申請過入黨。對他來說，入黨的優點很多，但最吸引人的是將有更多機會進政府工作。他的成績很好，而且又是副班長，加入共產黨其實只是一個儀式而已。他用一種很理所當然的口氣告訴我，所有優秀的學生都加入共產黨。但是可惜今年他的成績退步了，所以他的申請沒有通過批准。他擔心在大學期間不會有更多機會入黨，希望在開始工作之後還能有機會加入。「這是大勢所趨吧。如果大家都覺得確實共產黨做得好，那我們為什麼不加入呢？」

像這樣務實的看法，其實在中國年輕人之間很常見，他們傾向將入黨視為一種很精明的職涯規劃，因為入黨有助於社會流動性，更不用說還能更接近權力而獲得物質利益。中國共產黨在國內非常受歡迎，平均每十秒就有一位新黨員加入。它是世界上最大的政黨，據最新統計有八千五百萬黨員，超過了埃及或德國的總人口數。事實上，如果中國共產黨是一個國家，它將是世界第十五大人口大國。儘管共產黨的成員數量不斷攀升，但也是有篩選機制的，每七個人中只有一人批准入黨。而且它不是外界想像的那種老人政黨，有超過四分之一的成員年齡在三十五歲以下。[19]

從人數可以看得出來，潛在黨員並沒有被如滾雪球般的醜聞給嚇跑。這裡的醜聞一個比一個更荒謬，像是某個梳側邊頭的鐵路部長有十八個情婦；某個縣的交通局長安排了他十四名親戚到政府裡工作；或是某位警察擁有一百九十二套房地產。相反地，這些荒謬的故事反而可以增加黨員身分對中國年輕人的吸引力，因為它暗示了，成為黨員可能是獲取不可思議的財富、權力和性的第一步。我曾經問過一位來自雲南的十五歲女學生，她長大後的夢想是做什麼。「我想要和貪官們待在一起，」她回答，「他們越貪腐越厲害。因為他們是最知道世界如何運轉的人。」如果不考慮道德爭議的話，她的邏輯還真是無懈可擊。

網路上有一段影片記錄了中國人們崇拜貪官的模樣。而且它因為無意間暴露了中國社會的精神破產，而被人不斷瘋傳。一向很敢於直言的《南方都市報》的一位記者拍攝了這段影片，他只是問了一群幼兒園小朋友一個天真的問題：你們以後長大後想做什麼？有著雙明亮的大眼，牙齒還有許多縫隙的孩子們，在影片中表達了自己的雄心壯志，例如想成為老師、藝術家、太空人和可以幫助人的救火員。然後是一名六歲小女孩出現在屏幕上，她的臉被打了馬賽克。「我想要當一名官員。」她甜甜地回答。「什麼樣的官員呀？」記者問。這位小女孩沉默了好長一段時間，然後答道：「一個貪官。因為貪官有很多東西。」

即使是Feel，他想入黨的理由也非常務實。他認為入黨的好處之一是，如果黨員犯錯了，黨會為其提供一定的保護，包括黨員在公共場合可能不會像普通罪犯那樣被戴上手銬。

當我們談到關於一九八九年的事件時，Feel首先承認他其實並不真的明白發生了什麼事。他說，「我覺得我說的是片面的，」他這樣的說法卻無意間反映了中國政府對這些事件有多麼在意。「我要是處在那個時代，或者我是個考古學家或歷史學家，我有發言權，我就可以很自信地說是怎樣的一種情況。」經過反省之後，他懷疑自己在香港六四博物館中所見所聞的真實性，懷疑策展人可能只呈現挑選過的歷史觀。由此可見他對這個系統有多麼忠誠，這個系統把他改造得很好，甚至讓他懷疑是否有必要「去嘗試」了解更多。他認為，共產黨一定是有充分的理由才不公開曾經發生的事情。中國曾經所做的一切後來也證明，對穩定國家以及推動中國成為世界第二大經濟體來說是必要的。即使黨曾犯了錯，但是以最後做出來的成績來看，它值得人民的信任和諒解。「就算真的政府是錯的，」Feel堅定地總結，「那也已經過去了，大家會理解的。」

第五章

母親

「我漸漸從個人的悲痛走出來，把這種悲痛轉化為追求真實、尋求正義的勇氣，它支持我走過了十幾年艱難的路程。喪子之痛不會淡忘，但『分擔別人的痛苦，也會減輕自己的痛苦。』」

——張先玲

在失憶的人民共和國中，留下記憶是危險的。即使只是一個公開的紀念行為，也能暴露出那棟國家精心建造的官方歷史大廈有多麼脆弱。中國足足花了一整代的時間來造它的骨，然後又用嚴格審查、公然造假和蓄意遺忘來補它的肉，但儘管如此依然一碰就碎。這就是為什麼區區一位五呎高的七十六歲老奶奶就足以構成威脅，需要動用一群國家安全機構的護衛隊——有時多達四十人——跟蹤她上果菜市場或是去看牙醫。

「他們知道你要來。」這是張先玲打開門見到我的第一句話，還對我投以熱情的微笑。她的公寓很整潔，位在一棟外觀單調的高樓大廈的九樓。她說話的口氣很輕鬆，彷彿只是在評論天氣或豬肉的價格。乍看之下，張先玲就是個典型的中國老太太模樣，有一頭整齊的灰色短髮，穿著一條寬鬆的休閒褲和一件拉上拉鍊的亮藍色羊毛衫，渾身散發恬靜安詳的氣息。不過，她的外表並沒有遮蓋住那令人敬畏的性格和非凡的韌性。

她解釋道，當地警察局曾打電話來，問她那天早上是否要出門，還順道問了她今天是否有客人來訪？也許是一個外國人？她露出一絲滿意的神情，坦白地告訴來電者，她在等一個朋友的朋友——可能是「在外國的中國人」，不然就是「在中國的外國人什麼的」——簡單俐落地總結了我的混血兒背景。這二十多年來與國家安全機構周旋的經驗，讓她學會了使用如此直接又模糊的說話方式。

張先玲是退休的航太工程師，從共產黨在她十二歲那年「解放」中國的那一刻起，她的出身背景就注定了她將被社會唾棄。她出身自清朝高官家族的第八代，生活在祖傳留下的腐朽輝煌之中，其位於中國東部安徽省桐城的老家，迷宮般的傳統建築及園林足足有十一個足球場那麼大。我問她，在文革之前究竟她家有多大，她只能很粗略地猜測——大概七十或八十個房間上下——不過她確實記得，若要從居住的區域走到正門，必須要穿越七個院子。在張先玲十五歲的時候，整個古老建築院落都被解放軍占領，她和家人則被送到一個舊糧倉。

在地主被妖魔化成階級敵人的時期，張先玲的地主階級身分迫使她只能被動地參與共產黨統治下的中國政治運動。她常常是一個旁觀者，偶爾是一個受害者，但從來不是主角，她覺得自己不配參與其中。她強大的原罪意識——憑藉著出身，剝削普通老百姓血汗長大——驅使她在十五歲時，寫了一部自我批評的作品，長度堪比一部小說。

然而如今，張先玲親筆書寫的公開信卻有雲泥之別。她和身體虛弱但意志堅強的前北京人民大學美學教授丁子霖一起合作，從受害者轉變成積極行動者，轉變成道德巨人，這些存在都是要凸顯國家違反道德的行為。

這兩位女士因為遭遇相同的不幸而走到了一起。她們十多歲的兒子同樣都於六月三日晚上到六月四日清晨之間在北京被槍殺身亡。她們成為「天安門母親」的創始成員，這是一個由六四死者親屬所組成的先鋒團體，目前已成為中國最接近政治遊說團體的組織。她們的訴求可以概括成三個簡單的詞：真相、補償、問責，每一個詞都對中共領導人拋出最直接的挑戰。自一九九五年起，他們每年都會在橡皮圖章立法機構──全國人民代表大會──的開幕式時，寫一封公開信重申他們的訴求。六月初，他們又再寫一份請願書，提醒中國領導人不要忘了那個被其極盡可能抹去存在的周年紀念日。直至二〇一三年，天安門母親已經遞交了超過十二份的請願書，卻是一個回應都沒有收到。

除了進行遊說，天安門母親也身兼偵探，自行整理出一份遭軍隊襲擊的受害者名單。他們煞費苦心地一一確認在鎮壓中喪生的兩百多名受害者的身分。張先玲有著獵犬般的韌性以及沉穩的自信，她把追尋真理過程中聽到的那些小謊言當成樂趣。但讓她追尋的動力終究源於她個人的傷痛。她必須跨過的第一道高牆是，讓自己能夠擺脫恐懼與沉默的桎梏，探索摯愛的兒子死去的過程。

死亡報告書

我們約在張先玲的公寓碰面，她住在一棟平凡無奇的一般民宅，這些民宅讓北京的冬天像極了一幅失色的畫布。我每一次去拜訪，每一次都驚訝地發現，原來這棟建築物是粉紅色的，只因它跟灰色的背景實在融入得太好。她的公寓恰好位於中國最優秀的音樂學院校園裡頭，一定程度上減輕了它的醜陋感。這裡時常有樂曲在空氣中翩翩飄蕩，還有學生們拿著形狀各異的樂器盒，忙碌地穿梭其中趕著上課。張先玲的丈夫王範地是中國一流的琵琶老師之一。在他們一塵不染的客廳裡，王範地的琵琶懸掛在一個小角落的架子上，上方還有一張他彈奏琵琶的黑白照片，宛如時髦的中國版佛雷・亞斯坦（Fred Astaire）*。餐桌後面是一個書櫃，整整齊齊地擺放著書籍、磁帶和藥瓶。在與視線等高的一個書格中，放著一個小相框，照片上是他們逝去的十九歲兒子王楠，他露齒而笑，一副天真爛漫的樣子。

張先玲拿來一個鞋盒，在裡面翻出了一張又一張她死去兒子的照片。其中一張，他正在笑著。照片中的他將近成年，笑得很開心，戴著眼鏡的雙眼閃著光，因為在一個朋友的生日派對上喝了酒，所以臉紅通通的。她說，王楠是那種儘管不擅長，但仍很愛唱歌的男孩；即使沒有人要求他，仍會每天為老師帶熱水瓶上樓。在一張與兩個神情嚴肅的哥哥的合照中，他直視鏡頭，露出滿懷希望的純真表情。那時他六歲，高興地眼睛閃閃發亮，咧嘴而笑，露出大大的牙縫。

然而在王楠人生的最後一張照片裡，他的表情變嚴肅了。這張照片攝於一九八九年五月的軍訓營，王楠身穿迷彩服，配米色褲子和布質運動鞋，頭戴解放軍軍帽，一把機

---

* 譯註：美國三〇年代著名演員，堪稱美國影壇最具影響力的舞蹈家。

鬬槍很隨興地扛在肩上。那一年，他的班級必須參加軍訓營；王楠對此跟對所有事情一樣全力以赴，當士兵們送給他一條軍用腰帶作禮物時，他好高興。照片中的他，看上去像是一個小孩在玩當兵遊戲。

接著，他的母親拿出一張薄如面紙，很像國營商場裡臉色陰沉的店員不情不願開的那種白色收據。但這張收據的標題卻是「死亡報告書」。下面一個項目欄寫著「死者姓名」，有人在隔壁空白欄位寫上王楠的名字。「死亡原因」則是潦草寫著「槍傷在外死亡」。表格上蓋有護國寺中醫醫院的官用印章。官方機構用了簡單幾句話，就證明了一個年輕生命的殞落。

為了記錄歷史

一九八九年，王楠從鄰近大學區的住處搭乘公車，前往距離天安門不遠的高中去上課，在這半小時的車程中，他意外見識了另一種政治教育現場。公車經過一群遊行的學生的時候，王楠把頭探出車窗外，興味盎然地看著學生們高舉布條，所有人的臉上都洋溢著對另一種未來的熱切嚮往。他立志作為一名有抱負的攝影記者，現在是大好機會可以近身見證歷史。王楠常常利用午餐休息時間，衝到天安門廣場去給學生駐紮的營地拍照。當膠捲用完時，他又跟母親再要了一點錢去買膠捲。張先玲曾試圖警告他不要太涉入其中。「你不要太積極，」她提醒道，「學生運動是沒有好下場的。」

但到了五月中，王楠已經完全投身於學生政治活動，還組織一群高中同學參加支持絕食抗議的大型遊行。當王楠帶領一群十幾歲的遊行者時，還不忘警告所有人不要喊太過極端的口號（例如「打倒李鵬！」）去攻擊那位不受歡迎的總理。張先玲認為這是王楠的典型作風。

六月三日晚上，家人的朋友來公寓聚餐。吃飯的時候，主要的談話內容都圍繞在政府如何趕走天安門廣場上的學生。「媽，你說會開槍嗎？」王楠問道。「不可能！」她回答，因為即使是文化大革命造成了大混亂，中國共產黨政府也從未向自己的人民開火過。

當晚，王楠在臉盆裡用手洗了幾件衣物。他睡在隔壁棟的一間單人房裡，剛好從他們家的公寓可以看得到。這個房間是奇怪的公寓分配制度分發給他們的。睡覺前，王楠要求母親，如果明天早上出太陽的話，再把他的衣服掛去陽台。「想不到這句話竟成了我們母子倆的最後訣別。」兒子逝世十五周年紀念時，張先玲在天安門母親網站上登的一篇文章〈為了記錄歷史的真實〉[1]中寫道：「可憐的孩子啊，他怎麼能想到從此再也見不到太陽升起了呢！」[2]

那天晚上，槍戰開始了，她起初無法置信會使用真的彈藥。時間一分一秒過去，槍

經過

張先玲找到的第一個目擊證人是一名計程車司機。當天凌晨一點三十分的時候，他在天安門廣場西北角南長街和長安街的交叉口附近，當時士兵開始開火。槍林彈雨之際，他目睹一名年輕人衝出去拍照，然後隨即中彈倒地。他後來才知道原來那個年輕人就是王楠。幾位目擊者跑上前去想要幫助他，但都被軍隊擋住了去路，拒絕任何人接近他。過了一陣子，他被士兵拖到路邊。一個老太太看到他的臉，就跪下來哀求道：「他還是個孩子呢！求求你讓大家去救他吧！」一名士兵轉身對她說：「他是個暴徒。誰敢上前一步，我就斃了誰。」

就在這時，兩輛沿著南長街開過來的救護車被士兵攔住。一名醫生從其中一輛救護車下來，但部隊不允許他去幫助王楠以及另外兩名同樣遭槍擊的市民。最後救護車只得撤退，留下傷者在原地淌血。後來找到的另外兩名目擊者，他們也向張先玲證實了這個狀況。

她又花了八個月才找到管道了解接下來發生了什麼事。她得知，原來在六月四日早上，有一位吳先生打電話到她兒子學校通報死訊。張先玲循著吳先生在電話中留下的蛛絲馬跡，確認了他在北京一家醫院實習。她追查到吳先生的下落，並寫信給他，希望能與之取得聯繫。她原先並沒有期待會收到回音。突然在一九九〇年一月的某一天，他和一些同事出現在她家。他帶來了王楠的家裡鑰匙還有他的學生證。

吳先生告訴她，他和另外兩名同事在鎮壓當晚自願提供醫療支援。他們三個緊跟在部隊的路線後面走。在凌晨兩點時，差不多是王楠受傷之後半小時，他們抵達了他被槍擊的十字路口。王楠倒在路邊不省人事，心跳微弱。三名實習醫生請求士兵允許他們將他和另外兩名受傷的平民送往醫院，但遭到拒絕。他們拿剩下的最後一塊繃帶包紮王楠的頭傷，並幫他施行人工呼吸，但當時他已失血過多，最終在三點三十分宣告不治。那兩名市民也死在路邊。

這些實習醫生提議將遺體送往醫院，讓家屬可以指認屍體。軍隊再次拒絕了他們，甚至威脅要逮捕醫護人員。在離開王楠屍體之前，吳醫生將他的學生證藏了起來，以便確保之後可以讓他的父母知道兒子的下落。清晨六點，吳醫生打電話到王楠的學校通報死訊。

死者遺體被扔在事發現場，剛好在一所學校大門口附近。這所學校現在被稱為北京一六一中學，位於長安街，鄰近中國最高領導層所在的中南海。張先玲從學校的夜間守衛口中拼湊出接下來的事情經過。夜間守衛說，天剛亮，一群士兵就來敲學校的大門。他們借了鐵鍬，然後在學校門口的花壇挖了一個淺淺的墓穴。那天早上，王楠的屍體就和另外兩具無名屍一起被任意埋葬於此。

六月四日早上開始下雨，之後連續幾天都有陣雨。六月七日，一股惡臭從之前埋的淺坑中散溢出來，死者的衣服也開始從新翻的土堆中露出來。學校原計畫在五天內重新開學，但大門前埋了腐朽的屍體，著實是個大問題。學校聯絡了當地警方和衛生部門，衛生部門派人挖出了三具屍體。因為年齡和身上的軍服、軍用皮帶，王楠被誤認為是一名士兵，所以他的屍體被送往了醫院，沒有被當作身分不明的暴徒立即火化。張先玲很感激這個小小的幸運，讓她在餘生中免於真相未明之苦。

但令她震驚的是，她的兒子躺在大街上奄奄一息，開槍的士兵卻拒絕讓他接受治療或其他援助。[4]「即使兩軍交戰，也沒有不准救護傷員的，」她在文章中寫道，「而在北京的長安街上，政府不僅動用機槍、坦克殺戮老百姓，還不准救護傷員，天理何在？人性安存？」

對張先玲來說，每一個新發現的資訊都是一種折磨。「我儘量不想，」她告訴我，「如果一想這個事，我幾天都睡不著覺。」她坦承，在我首次拜訪的前天晚上，整理關於王楠的資料整理到痛哭失聲。「我想他最後幾個小時肯定是很痛苦。我記得最早在雜誌上發表過的一篇文章，就是寫我的小孩兒。有幾句描寫，就是孩子在最後彌留狀態，就想著『媽媽呀，我好冷啊，媽媽我好冷』。」她的聲音漸漸低得像耳語。「我想起這些，現在我心裡還是很難過。」但這個探尋真相的過程確實改變了她。[5]「我開始對共產黨產生懷疑，對幾十年灌入我腦子裡的道理產生了很多問號，促使我去學習、思考，」她寫道，「我漸漸從個人的悲痛走出來，把這種悲痛轉化為追求真實、尋求正義的勇氣，它支持我走過了十幾年艱難的路程。喪子之痛不會淡忘，但『分擔別人的痛苦，也會減輕自己的痛苦』。」在這條路上，丁子霖一直是她的夥伴和精神支柱，丁的十七歲兒子被解放軍從背後開槍。

相遇

這兩位天安門母親創始人的外表差異很大，性格也南轅北轍。丁子霖體虛瘦弱，渾身散發著悲傷的氣息，手腳不靈活地在公寓裡走來走去，這裡也是她兒子蔣捷連的最後安息處。這套北京大學區公寓很通風，擺著優雅的中國傳統家具和用來做帽架的雕刻圖騰柱。牆上一幅油畫描繪了她兒子的模樣，一個高大削瘦的年輕人，有著陽剛的下巴和自信的微笑，他揮舞著一面錦旗，頭帶著紅色遊行隊伍的頭帶——這個頭帶他相當引以為豪，在火化時也戴著。

在旁邊牆上的一張照片中，他跟他的同學們手拉手地從學校走出來遊行，一切彷彿都凍結在時光中化為永恆。和張先玲的兒子一樣，蔣捷連也對這場運動充滿熱忱，協助組織自己學校的學生上街遊行支持大學生。我的目光被他的遊行同伴舉著的一個紙牌吸引住，那個紙牌寫著黑色粗大的傳統書法字，但標語內容對中國統治者來說卻帶有一種不符合儒家思想的威脅語氣：「你將會下台，我們仍會在這裡！」一個刻有字樣的基座上面，放著丁子霖那嚴肅又有著寬闊肩膀的兒子的骨灰，照片的存在像是一種鄙視，彷彿是在責備當年的年輕氣盛。

在人生的最低谷，丁子霖和張先玲找到了彼此。她們透過一個來自九三學社的官員搭上線。九三學社是一個共產黨認可卻有名無實的政黨，其成員主要是知識分子和科學家，兩人的丈夫也是成員之一。這個以營造政治多元化假象為目的而存在的「橡皮圖章黨」，促成了天安門母親組織的成形，諷刺的是，共產黨對此可不怎麼欣賞。[6]天安門母親持續不斷地發展，成為中國政府控制之外最早、最知名的草根組織之一。

一開始，這兩個家庭只是一起彼此療傷。丁子霖的情況很糟，身體已不良於行，在公寓裡只能靠沿著牆壁摸索走動。六月三日晚上，她曾花兩個小時勸說兒子不要出去。最後，他將自己鎖在一樓的廁所，然後再從窗戶溜出去。不到三個小時之後，一顆子彈射穿了他的背，死了。丁子霖覺得自己沒有保護好兒子。不斷想著尋死的她，一顆顆囤積起安眠藥。後來有一天，張先玲和丈夫騎著自行車去探望她，漸漸地，這兩位女士開始找到了一個新的目標。

一九九一年，她們接受香港記者的首次採訪，講述了她們的兒子死去的經過。她們的行動非常勇敢，這是中國境內第一次有人公開六四死者的詳細情況，而且兩人都很清楚公開說明之後的下場。這兩個人後來都被警告噤聲；張先玲被告知她的丈夫可能會被禁止出國參加音樂會。她非常恐懼，決定不再接受採訪。「我們繼續尋訪，」丁子霖記得張先玲這麼告訴她，「但是對外，你做一線，我做二線。你一旦出事，我一定頂上。」張先玲認為，這樣的分工也是為了確保組織存在而採取的務實行動，因為如果兩個人都被逮捕了就沒意義了。她們的運動是有風險的，天安門母親組織成員絕大多數是女性，一部分就是因為男性需要遠離政治確保家庭收入，張先玲還認為一部分也是因為母愛是整個組織的驅動力。

丁子霖告訴我，「我當然同意。」從那天起，丁子霖成了該組織的公眾代言人，她勇敢地面對監視、拘留、騷擾、強迫退休，還有背信棄義的指控，並在入黨三十二年後被開除黨籍。在張先玲還沒準備好再次接受媒體採訪之前的漫長歲月裡，丁子霖獨自背下了這個重擔。丈夫非常支持丁子霖，但在丁子霖被逼迫退休之後，她丈夫也遭遇了同樣的下場。

儘管丁子霖身體孱弱，情緒易受波動，但仍以非凡的毅力承擔起自己的責任。每每說起她的兒子，她的聲音就變得低沉，眼淚在眼眶裡打轉。然而，為了維持天安門母親的使命，她每天都在強迫自己挖掘內心的痛苦。這些母親們努力編制了一份政府軍隊槍口下的死者名單，此舉挑戰了共產黨壟斷訊息發布的行為。儘管丁子霖幾乎是在事件後就馬上開始了調查工作，但其他的成員仍是拖到一九九一年，聽到國務院總理李鵬在電視新聞發布會上的發言後，才開始行動起來。有人向李鵬提問，政府是否會公布一九八九年遇難者的名單，他回答，「死者家屬不願透露死者姓名，因為他們認為這是反政府暴動。我們必須尊重他們的意願。」[7]張先玲聞言勃然大怒。她立即致電給電視台的值班經理。「我聽了李鵬的回答，」她告訴對方，「那純粹是謊言。我的孩子在六四遇難，我不認為有損形象，我要求公布名單。」她向值班室留了自己的聯絡方式，但從來沒有人回電。

自那時起，這些母親陸續追查到二〇二名受害者，每個人都有自己的故事。[8]這段艱難而緩慢的過程前後遭遇了沉默不語、閉門羹以及北京的城市拆遷等各種障礙。好多次母親們好不容易拿到姓名和地址，但找到當地時，卻發現整個社區已被夷為平地，居民們四散不知去向。

隨著時間過去，擔心政府報復的情緒以及有關六四的禁忌已成為更強大的詛咒，一些家庭寧願放棄自己的孩子也不願承認他們在那天晚上被殺的事實。張先玲碰過一個家庭，丈夫和妻子都是老師，兒子在六四去世後，他們就搬到了廣州。她一直希望這家人能證實他們兒子的詳細情況，但男孩的母親拒絕發言。

「她的態度還挺好的，但她說，『我們不想提這件事兒了，我們過得挺好的，不想說這些事情了。』然後他父親說，『什麼事兒？』我聽到他在旁邊問。他母親就說，『她問那個誰誰誰的事兒』——她兒子的事兒。結果這父親馬上把電話奪過來說，『你少管這些事情，我們現在過得很好，你少給我們添亂！』就把電話掛掉了。」

像這樣的回應其實反映了後天安門時代普遍的社會壓抑。對大多數的人來說，坦克和槍彈奪去了人們的安全感，讓人們以為唯有停止談論過去才能自保，他們轉而支持物質利益至上，並成為掩蓋真相的沉默幫兇。遺忘，是老一輩中國人練就的一項技能；歷史之網被拉得很寬，有時候中間幾十年發生的事會整段消失不見。隨著時間流逝，這種圍城心態造就了一個封閉偏執的世界。張先玲舉黑手黨為例，「黑社會裡的人可能也是這種心態。他們已經很怕了，知道這個厲害。你要是說出來的話，吃飯的飯碗可能就難保了。這還是輕的，重的沒準兒性命也難保，所以他就很害怕。所以這種苟且偷生的思想就戰勝了他們的正義感。」

這種情況也發生在張先玲自己的家族中。像是她的另外兩個兒子再也不願意回家。她體諒他們，因為他們是為了自己的未來，才不得不跟家庭保持距離。

她告訴我，「他們現在還活著，還需要生活在這個鐵蹄下。」光是跟王楠有血緣關係，就有可能被這個體制懲罰。王楠死後被貼了「反革命暴徒」的標籤，這在他兄弟的檔案中留下了汙點，限制了他們在某些政府機構和學術界的就業機會。

王楠之死的漣漪甚至波及到中國最高領導層：張先玲的妹夫丁關根，昔日中國最有權勢的男人之一。丁關根已晉升到中央政治局候補委員的位子，當時僅有十六個人可以參加政治局會議，他是其中一人。還有一個可能更重要的背景是，他跟時任中共最高領導人、中央軍委主席鄧小平是橋牌搭檔。外界普遍認為，丁關根就是得利於這層關係，才有辦法自一九九二年至二〇〇二年待在中共宣傳部長的位子上長達十年之久。

起初，丁關根對王楠的死感到相當震驚，然而在出席他的葬禮時，卻試圖推卸責任。「我們怎麼這麼不幸？」他問張先玲，「王楠怎麼會死了呢？你怎麼沒把他看好了呢？」後來，他表達同情的方式是把王楠的死描繪成共產黨統治不可避免的代價。「那麼多人死在共產黨手下！」還提醒她，當年劉少奇的命運有多悲慘，這位前主席在一九六九年文化大革命期間被追殺。「他的家人現在一點都不怨恨毛主席的家人。這不只是你一家的事情！」張先玲默默地聽著。到了二〇〇四年，她採取更進一步的行動時，她的妹妹不再和她說話了。二〇一二年，丁關根過世，張沒有出席他的葬禮。

六四事件是個很巨大的禁忌，僅僅只是提起一些相關的事，就讓張先玲和丁子霖時不時成為眾矢之的。有一次，張先玲假借歸還手帕和錢財的理由，追查到一個年輕死者的下落。她設法取到了居委會的說法，證實他是「那個被槍殺的人」。但當她找到公寓時，死者的兄弟卻開始責備她，對方憤怒地大吼：「你這個人怎麼這樣子，多少年前的事兒你還來找我，你什麼意思啊？」

每個人都害怕麻煩，害怕混亂，這讓中國領導人找到一個漏洞，順利地合理化這些鎮壓暴行。後來，他們更利用人們對未知事物的恐懼，讓許多人相信暴力是必要之惡，尤其回顧過去這三十多年，共產黨讓中國創造了兩位數的經濟成長，這似乎讓鎮壓更有了合理性。

不過大多數時候，外界對這群上了年紀的老婦人觀感還甚良好，部分是因為她們在運作上還是傳統的互助組織，會將捐款（有時高達一年八百美元）撥給貧困或醫療費用負擔過重的家庭。不過更多時候，他們提供的是情感上的支持，讓一些承受著多年隱痛的家庭有個抒發出口。

奠祭

為了堅守使命，這些母親一再地去對抗在天安門事件之後日益壯大的國家安全組織。就在鎮壓發生之後的第五天，鄧小平現身於人民大會堂表彰軍隊的行動，他明確表示，未來若有抗議活動都應該在萌芽時期就扼殺掉。[9]「今後，在處理這類問題的時

想在晚上八九點的時候去。如果他們不看著我的話，我就晚上拿一束花，到那個地方去奠酒。就是帶點酒去撒一下，然後把白色的玫瑰花瓣灑在那邊。」

然而事與願違，因為總是有人在監視她。有人在學校入口附近安裝了一個閉路攝影機，就正對著學校門口埋著她兒子的花壇。這是一個專門為她而設的監視錄影器，以防她再次試圖哀悼她死去的兒子。「那是有內疚的人的行為。」她說。

中國共產黨領導人如此玻璃心，連這樣簡單的紀念行為也會被認為會威脅到中國內部的穩定。母親的喪子之痛極具力量，在當局眼中是一種威脅，所以為保護其他民眾不受到她們悲慟的影響，必須要集中管控她們的哀悼。這一切張先玲都看在眼裡，她用簡單幾句話生動地總結了目前的處境，「這樣一個偉大光榮正確的黨，居然會怕我這麼一個老太太。說明我們這一群人的力量有多大呀，因為我們代表了正義，他們則代表邪惡。所以他們怕我們，不是我們怕他們。」

劉曉波

在這些老太太堅定的引領下，天安門母親已然成為了一股政治和道德的力量，就像在將軍皮諾契（Pinochet）的阿根廷發起的「五月廣場母親」（Mothers of the Plaza del Mayo）*。天安門母親看準當局不樂意鎮壓已經遭逢巨大痛苦的人，她們趁機開闢了一個小空間，然後慢慢擴大這個空間，把重點擴及到人權和政治議題上。一些母親，尤其是創始成員，經常簽署請願書，其中包含了具有里程碑意義的《零八憲章》[11]——這份宣言大膽呼籲政治改革，包含了獨立的法律體系、結社自由和結束一黨統治。在某些異議分子的圈子中，身為前三百名簽名者是一種榮譽象徵。丁子霖在名單中排名第十二位，張先玲排名十三。「這數字真不吉利！」她輕聲地笑。

她們兩人會加入連署是因為受到中國首位諾貝爾和平獎作家劉曉波的邀請。二〇〇九年，他因蒐集連署和六篇他寫的文章，被以「煽動顛覆國家政權」的罪名判刑十一

＊譯註：一九七六年，陸軍少將魏德拉（Jorge Rafaél Videla）發動政變，逮捕並殺害了多名異見人士與知識分子，自此至一九八三年間，多達三萬人失蹤，其中五千人遇害，還有五百名幼童被殺。這段白色恐怖時期被稱為「骯髒戰爭」（Guerra Sucia）。一九七七年四月三十日，十四位母親頭戴白色頭巾，默默地繞著布宜諾斯艾利斯總統府前的五月廣場散步。她們的白色頭巾上都繡著一個孩子的名字和失蹤日期。之後的每個周四下午，都會有一群人在固定時間出來散步，向軍政府提出無聲的抗議。一九七九年，五月廣場母親正式註冊成為非政府組織。隨著時間過去，散步的人數緩慢增加，其間有幾位成員被綁架殺害。連續五年的行走最終促使阿根廷於一九八三年恢復民主。可惜阿根廷並沒有真正的轉型，真相調查也受阻礙。直到一九九五年，海軍上尉西林哥（Francisco Scilingo）終於打破沉默，承認參與迫害等多項罪行，五月廣場母親的訴求與真相調查才得以受正視。時至今日，阿根廷的轉型正義仍是條漫漫長路，當年的五月廣場母親成員現已垂垂老矣，然而她們發起的散步運動仍持續進行中。這群母親從家庭生活走進了公共空間，不僅為自己的孩子尋求正義，該組織也參與支持了不同的人權議題。

年。劉曉波花了好幾年的時間遊說讓她們獲得諾貝爾獎，這是提高天安門母親地位的方法。他在二〇〇八年被拘留的前幾天，還在設法提名她們。丁子霖對此極力反對。「曉波，不能做！這個事太危險了！」她告訴他。「你知道，你要是推動我們做，天安門母親承擔不了諾貝爾和平獎的這份歷史重擔。」她還擔心，若天安門母親真的獲獎了，劉曉波可能會出事。她相信共產黨因為天安門事件而對這些母親有所虧欠，欠了她們每個人一條人命，因此不太可能對她們進行報復。「他們已經那麼恨你了，」她警告劉曉波，「要是百倍的仇恨和瘋狂落到你身上怎麼辦？」

丁子霖說起劉曉波的時候，有一種無可奈何的怨氣，很像是一個母親在抱怨一個固執的孩子。她曾寫道，他們的關係比血緣還深。她的丈夫蔣培坤曾是劉曉波的論文導師之一，當時劉是以傲慢而火爆出名的文學評論家。許多個下午，當他們的兒子放學回家時，都會看到劉和她的丈夫在公寓裡辯論。但是她和劉曉波的關係一直以來都時不時鬧不和，甚至破裂。

我問丁子霖關於劉曉波對天安門母親有什麼樣的影響，她們的思想形塑是否跟這位中國傑出的知識分子有關係。我沒想到話還沒說完，她就打斷我。「對不起。劉曉波對我沒什麼影響。他不像我，」她繼續說，「他太喜歡出風頭了。」張先玲則只記得劉在社交上很笨拙，他有口吃而且粗魯。兩人似乎都對他的文章評價不高。丁子霖還因為劉曉波太囉嗦又太自大而疏遠他。雖然她承認劉對天安門母親的態度是謙遜的並抱持著尊敬之情，但她不認為這兩個詞可以用在劉本人身上。

對劉曉波這樣一位執著於責任、懺悔和救贖的作家而言，天安門母親的存在可能更像是一種發自內心的自責。他在六月四日促使最後一批學生離開廣場的事上扮演了關鍵角色。六月二日，他與其他另外三人中途加入了絕食抗議，然而，像所有著名的積極參與者一樣，劉曉波毫髮無傷地逃過了鎮壓。據說在大屠殺之後，他心情亢奮、有說有笑，不停地抽菸，甚至騎著腳踏車在城市裡繞來繞去，像是在嘲笑當局。[12]

六月六日，劉被人從腳踏車上撞下來，強行拖進一輛廂型車並被送進了監獄。之後，他在秦城監獄坐了十八個月的牢，他形容自己在裡頭「無聊得要死」。[13]一九八九年九月，尚在獄中的劉曉波接受了中國國家電視台的採訪，在採訪中他聲稱天安門廣場沒有人死亡。他後來寫道，他之所以決定在電視上露面，是因為看不慣像吾爾開希這樣的流亡領袖為了將自己塑造成英雄，而誇大了廣場上的流血事件。劉知道當局會在宣傳活動中使用他說這段話的鏡頭，也清楚這有損他的名譽，但當時他覺得這是他的歷史責任。

直到一九九一年從監獄獲釋之後，他才發現自己老師的兒子在那天晚上被殺了。而且，丁子霖已經看過了他的採訪，對他自願做出如此以偏概全的聲明感到憤怒。「你說你沒看見殺人可以，」她告訴我的時候仍懷有怒氣，口氣尖銳地說，「你怎麼能說廣場上沒死人呢？」劉出獄後，曾到丁和蔣的住所悼念她們的兒子。當他跪在放著骨灰的底座前時，他為自己辜負了這個男孩而哭泣。他後來出去買花，將花放在骨灰架前面。丁子霖認為這表示他承認了自己的錯誤行為，而原諒了他。然而，她至今仍對一件事耿耿於懷。畢竟，劉曉波的絕食抗議——被市長陳希同在報告裡嘲笑成「鬧劇」[14]——有部分是出於為了讓知識分子從學生那裡奪回一些主動權和關注。無可否認地，這是造成緊張局勢不斷升級的原因之一，最終下場是解放軍對著自己人民發動攻擊。丁子霖認為，在道德上劉曉波要為她兒子的死負一些責任；如果他說服學生早點離開廣場；如果他沒有號召絕食抗議；如果事情以不同的方式演變，也許她的兒子現在還活著。

她的怒火正中要害。大屠殺兩周年之際，劉曉波為蔣捷連寫了一首詩，他在詩的前言中寫道，「面對你的亡靈，活下來就是犯罪，給你寫詩更是一種恥辱。」[15]而這首詩本身，就是一種自我批評：

我活著
還有個不大不小的臭名
我沒有勇氣和資格

捧著一束鮮花和一首詩
走到十七歲的微笑前

劉曉波在一篇一九九一年的文章中寫道，「面對堅持為死難者討還公正的母親們，當年的倖存菁英，難道就不肯付出一點兒博愛之心、養成一種平等之懷和正義之氣，為那些受難更深的人們爭取本來應該屬於他們的公道嗎？！」[16]

劉曉波也對其他學生領袖和活動人士投以嚴峻的目光，他指責這些人是「大大小小的投機者」[17]，特別是在與安靜莊重的天安門母親的對比之下。「為什麼付出最大的生命代價的人們，大多默默無聞、無權講述歷史，而那些作為倖存者的菁英們卻有權喋喋不休？」[18]

丁子霖對這個說法並不怎麼買帳。她覺得劉熱烈激昂的言論都是出於自私，而且他寫了那麼大量的文章都大同小異。她承認自己對劉的態度很嚴苛。在他獄期屆滿出獄的時候，不管他如何一再懇求當面向她道歉的機會，丁子霖好幾年來都拒絕見他。她認為劉不真誠而感到失望，而且還很擔心，若他再不停止發表批評共產黨的文章，恐會帶來不好的後果。她將自己對劉說的話重複說給我聽，「我已經給了你檢討的機會了。我接受了你的花，接受了你的眼淚，接受了你在我兒子靈前的下跪，我都接受了，原諒你了。你怎麼後來又寫那些文章啊？」

關於劉曉波得諾貝爾和平獎一事，兩位女士都直言不諱。張先玲豪不客氣地說，「不會想到。」兩人都認為，這個獎是共產黨給的獎賞，因為他在二〇〇九年被判了十一年徒刑。他對黨的蔑視定義了他的存在。而如張先玲所言，天安門母親也是如此。「如果共產黨不打壓我們天安門母親，我們也不會到現在。它如果打死人之後馬上道歉，馬上給我們合法地解決，可能就不會有天安門母親。都是他們自己造成的。」

拘留與監視

二〇〇四年，張先玲首次面臨了自己的人身危機，她和另外兩人一起被拘留。她解釋，這一切都是因為T恤。一些香港的支持者寄給她三包印有天安門母親標誌的T恤。她還沒來得及打開包裝，就有兩名警察和三名便衣安全人員衝進她的公寓，向她出示了傳票。當她被帶下樓的時候，看到院子裡有三輛警車，她馬上意識到，一直擔心的麻煩真的來到家門口了。

她被帶到一個警方拘留中心接受審問，她形容那裡是「三星級的民宿」。她被拍照存證，按指紋，戴上手銬。她憤怒地對他們說：「正義鬥爭總要受一些苦難的。」並提及那位坐了二十七年牢的南非總統曼德拉。警察無視她的話，叫她脫掉她的腰帶，脫掉任何有釦子和金屬釦的衣服。警方說她被控以煽動顛覆國家政權罪，這是一項針對異見人士最通用的罪行。這個消息不但沒有嚇到張先玲，反而讓她反唇相譏：「哎喲！我說你們給我的名頭也太大了吧，你們覺得一個小老太太能夠顛覆國家政權。」

她在審訊中發現，負責審問她的田姓官員很在意那些T恤，問題的癥結看來昭然若揭。「他說，『那你要是把那T恤衫都穿上，然後到高檢去示威，外國的記者再一拍照』，『哎呀』，我說，『田警官吶，你這設計很好啊！當時我們都沒想到啊，應該找你來設計喲。我們也不認識什麼外國記者，你給我們請哦。』」

在當局偵訊的過程中，她被警方拘留了四天三夜。另一位天安門母親則在北京被拘留，同時丁子霖也在無錫市被捕。她們的處境相當令人擔憂，尤其新華社報導聲稱，丁子霖已經招認了天安門母親「在境外組織的支持下從事活動」，逃避海關監管，違反了國家安全法。[19]不過，三位天安門母親遭拘留事件引發了國際社會的強烈譴責，最後促使她們被無罪釋放。

嚴加管制與放鬆的循環猶如月亮的陰晴圓缺，已成了張先玲生活的永恆課題。她對抗的方式是向監視她的人發起自己的公民教育活動。鎮壓行動二十周年之際，每天有三班人馬來輪班監視，她見機不可失，複印了兩篇她寫的文章，分發給所有警察和便衣，告訴他們：「你們是看著我的，你們都不知道為什麼看我。我給你們點材料看看，你們就知道為什麼要看我了。」她發現，這群人當中有些並不知道六四發生了什麼事，有一個來自警察學院的年輕女學生，甚至在發現自己駐守的原因之後，不屑地放棄了自己的職務。「我們也沒辦法，」另一個監視員告訴她，「我們都是上頭派的。上頭有病，上頭的腦子進水了。」光是監視張先玲和其他母親就花了這麼多資源，讓人不禁好奇這個系統到底有多混亂。後來政府還發明出一個讓整件事更荒謬的新招：讓張先玲和丈夫「被休假」。一名警官用提建議的口吻，向他們發布了一道命令：由於安全部隊太過分散，無法好好地監視他們，所以不知道他們是否介意，進行一次短途旅行？兩人便在一名警官的陪同下到西南部的雲南省旅遊，這簡直是一場歐威爾式的度假。這名警官跟他們一起吃飯，待在同一間旅館，甚至幫他們支付所有帳單。如果碰到人，為了不讓這位警官覺得難堪丟臉，張先玲夫婦還謊稱他是自己的朋友。

對張先玲來說，這只是又一個超級浪費公帑的例子。不過她也發現，這個方法只需要動用一個人員就能監視他們一整周，讓地方當局有辦法重新指派其他人，去監視其他潛在的威脅，以維持社會穩定。儘管如此，她還是相當氣憤。「我這就一個人吶，全國得多少維穩的人吶？把老百姓的血汗錢都糟蹋了。」

二〇〇九年，一位相對低階的警察出乎意料地主動向天安門母親提議。他與幾位成員接觸，詢問他們是否可能以個人而不是集體的方式來處理賠償問題。他們斷然拒絕這項提議，並視之為要他們閉嘴的企圖。張先玲認為，金錢已蒙蔽了中國人的良知。她的團隊花了二十五年的時間才找到兩百多名的受害者，但她相信，如果政府把錢放在桌上，說這是對受害者家屬的賠償，結果可能會完全不同。「如果政府說現在，大家登記，誰是六四被打死的，要賠償了，保證很多像雨後春筍一樣冒出來，說：『噢，我家也是！我家也是！』」

傷逝

二十五年後，天安門母親面臨的最大挑戰，大概就是時間一點一滴的流逝。至少有三十三名成員——占總成員人數的五分之一——患有心臟病、中風、癌症和其他疾病。衰老、抑鬱、必須照顧年邁的伴侶等種種磨難，蠶食了他們的時間，讓他們尋找新成員的寶貴精力所剩無幾。二十五年來的努力，並沒有改變中國政府的立場，這是一個不爭的事實；如果要說有什麼改變的話，那就是政府更堅定了自己的立場。

二〇一二年，二十年來深重悲痛所帶來的絕望，壓垮了第一個受害者。七十三歲的軋偉林一直是忠實的共產黨黨員，他的一生都在為中國的核能工業工作。他甚至給他的兒子取名為「愛國」。軋愛國是在與女友購物回家路上被士兵擊中頭部身亡。在那之後，軋偉林成了天安門母親的積極參與者，簽署了所有的請願書，然後等待回應。但隨著時間過去，他的希望破滅。

張先玲最後一次見到軋偉林是農曆新年的時候，他過世前四個月。他當時陰鬱消沉地問她，是否認為天安門母親會贏得國家任何形式的平反。張先玲向他保證，這只是時間問題。但即便是她，聽到這種這麼多年來千篇一律斬釘截鐵的答案，也已經覺得越來越空洞。然而軋偉林還是點了頭，輕聲低語地說：「你要繼續活下去。」那個時候她沒當一回事，後來才意識到，那可能是在求救。

到了二〇一二年的五月，軋偉林已經好幾天都夢見他的兒子愛國。他的妻子找到一張他寫的紙條，上面寫著他這二十三年來冤屈未得申雪，倍感淒涼。她清楚他的心境，但也知道自己無能為力。二〇一二年五月二十四日，軋偉林向妻子告別，然後走下樓到自己住宅區下方新建的地下車庫去。他在那裡上吊自盡。軋偉林是該組織中第一個以死抗爭的人，為了引發最大的關注，時間選在周年紀念日前不久。震驚又痛心的天安門母親發表了一份群體聲明，「我們欲哭無淚，欲訴無言。」[20]

因為意識到生命的有限，天安門母親開始將自己的內部權力交接給更年輕的母親們，例如死者的遺孀，而非其父母。想藉由將她們推到前線，試圖延長這個組織的壽命。

持久作戰

過去二十五年來，香港是中國境內唯一舉辦年度守夜活動的地方，當地運動人士的主要訴求是平反六四學生運動。他們呼籲共產黨推翻其早前對一九八九年運動的論調，將「反革命暴亂」改為愛國運動。這種做法是有爭議的，因為這不僅是承認了共產黨的正當性，還讓它成為歷史的仲裁者。

雖然天安門母親的成員支持香港的運動人士，但私下表示，她們認為將糾正錯誤的責任歸給統治者是很封建的思維。「我覺得太多中國人經歷了太長的封建時代，看的宮廷劇也太多了，」張先玲告訴我。「他們總希望出現一個聖明君子、一個賢臣良將來輔佐，把這個社會搞得像康乾盛世，或者是貞觀盛世。不可能的。現在不是皇帝時代，是我們自己當家作主的時代。共產黨都承認，人民當家作主，你還把它捧為皇帝，是不是有點思想太落後了？」

在紀念鎮壓行動二十四周年的公開信中，天安門母親似乎點出了異議分子出身的前總統瓦茨拉夫・哈維爾（Vaclev Havel）所言的「無權力者的權力」（power of the powerless）。「當局裝做視而不見，聽而不聞，但就是禁絕不了年年月月這樣的傳言，網路、媒體及市井口耳相傳，禁不了，壓不了，刪除不了，封鎖不了。」[21]

儘管文末寫出了長期的期許，但這封信的標題「『希望』已漸漸消失，『絕望』正漸漸逼近」卻也顯露某種淒涼的心境，反映出她們對即將上任的主席習近平進行政治改革的可能性，也不怎麼抱持希望。習近平主席曾提出警告，說否定毛主席會造成天下大亂，天安門母親對此回應道：「我們看到的恰恰是他大踏步地退回到毛式正統。」她們在結論控訴，「習近平先生斷然不在意那千萬百萬條國人的生命啊！」

關於一九八九年，張先玲和丁子霖都曾認為，平反被官方定調為「反革命暴動」的運動，其實只需要幾年的時間。她們認為這是非黑即白的事實，如果迅速處理的話，應該能夠符合黨的利益。況且這種平反也曾有過先例。一九七六年四月，周恩來總理逝世後廣場上發起的示威活動，最初也被稱為「反革命暴亂」，但在鄧小平掌權的兩年後，又被重新評價為「愛國」。

然而隨著時間不斷過去，日後的中國統治者依然必須仰賴鄧小平時代的說法來自圓其說，不能冒險重新對學生運動做出任何新的評價，畢竟許多關鍵決策者的腦袋可能都會因此不保。「有可能到我離開這個世界，我都無法看到正義，」丁子霖告訴我，「但只要我還活著，還有力氣，我就不能放棄。」張先玲也抱持著同樣的信念，已白髮蒼蒼的她仍集中精力繼續抗爭。「現在我有了思想準備，持久戰吧。只要我不死，我就要幹。」她告訴我，她的目標是像宋美齡那樣。宋美齡是中國國民黨領袖蔣介石的遺孀，活到一百零六歲。

抗爭可能會帶來牢獄之災，這是所有天安門母親長期面臨的風險。雖然她們的抗爭風險比以前都要小很多，但仍然是一條危險的道路。「跟這麼強大的國家機器對抗，就準備有犧牲，」張先玲評論道，「我個人有思想準備。包括現在，人家說黎明前的黑暗是最黑暗的。希望它不要黑暗到我頭上。如果真的黑暗到我頭上，我也有心理準備。」

香港守夜活動

在中國，天安門母親的成員們只是一小群上了年紀的草根運動者，在一大群從未聽聞過她們，或越來越多對六四大屠殺一無所知的人群裡，宛如茫茫大海中的一個小小孤島。然而在香港，她們則成了大明星。二〇一三年的周年紀念前夕，張先玲原定要陪同她的丈夫前往香港出席一場琵琶比賽活動。為了準備這場旅行，她甚至費了很大的勁去燙了頭髮。但在出發的前一天，她被禁止出國。當我參加了二〇一三年香港的守夜活動之後，我開始明白為什麼中共政府會對她出現在香港感到緊張。

在守夜開始前的幾個小時，成千上萬的人湧進了即將舉行守夜活動的巨大的香港公園。他們很有秩序地坐成一排排，滿懷期待地握著手中的蠟燭，安安靜靜地閱讀著傳單上關於一九八九年事件的背景。在公園的一側掛著一面巨幅橙色布條，號召群眾「支持天安門母親」，公園周圍散布著小攤位，義賣T恤或是為她們募集捐款。最新的T恤設計是典型大膽的香港風格，上面有一個手持鮮花的老婦人擋住了一排坦克。搭配文字寫著：「不要讓天安門母親獨自抗爭」。不過去年的紀念T恤更受歡迎，上千名的年輕人都穿著它上街。

就在集會正式開始前幾分鐘，天空突然變暗，一記猛烈的雷打在公園的上空，弄壞了現場所有的電器設備。儘管沒了音響系統，儘管滂沱大雨澆熄了蠟燭，儘管頭頂上雷聲轟隆，閃電交錯地劃過天際，人群依舊堅定地站著，高喊：「我們永遠不會忘記！」大約十五分鐘後，由於雷暴的影響，泡在水裡的守夜活動被取消了。不過還是有一小群人留了下來，在雨中唱讚歌。當我經過一個販賣天安門母親紀念T恤的攤位時，我突然想到，應該要帶幾件衣服回中國，送給組織的一些創始成員當禮物。

當我將衣服送去張先玲的家時，她顯得相當開心。「這幾年我一件都沒見過！」她說，「自從上次我們因為T恤的事情被關之後，沒人再敢給我們寄T恤了。」然後我拿出相機給她看集會的照片，她好一會兒沒說話。「哇！那麼多人！」她終於開口了，口氣滿是驚奇。「真是太棒了！我沒想過會有那麼多人參加。」事實上，由於大雨的影響，主辦者粗估現場有十五萬人，比前一年少了大約三萬，不過警方的估計人數更低。[22]

這下換我感到驚訝了，「你沒在網路上看過這些照片嗎？」「我的網速太慢了，」她回答，「而且被監控著，所以沒辦法看國外的網站。而且我不會英語，所以看國外的網站也困難。」她的電腦確實非常老舊，在炎熱的夏天為了防止電腦過熱，還要弄一個風扇對準硬碟吹。

我把現場的景象描述給她聽。那裡有支持天安門母親的布條、有成千上萬的人穿著紀念T恤，手持蠟燭，現場瀰漫著動人的莊嚴氣氛，還有我在那裡遇到的所有大陸人，包括一名政府官員。她聽著聽著，像是在聽童話故事一般著了迷，變得比我所見過的她更安靜。最後，她開懷地笑了，她說：「所以還是有希望的！」

當我起身準備離開時，她說想給我一些東西。她無視我的婉拒，在碗櫥裡翻了又翻，交給我一只用五顏六色珠子編織的手鐲，還有一個栗色的絲綢珠寶袋。當我沿著黑暗的走廊走向電梯的時候，我聽到她的聲音迴盪在我身後，越來越小聲。「謝謝你！」她在我身後喊著，「謝謝！謝謝！真的很謝謝你給了我一個這麼棒的禮物。」

第六章

愛國的人

「我對外國人講，十年最大的失誤是教育，這裡我主要是講思想政治教育，不單純是對學校、青年學生，是泛指對人民的教育。對於艱苦創業，對於中國是個什麼樣的國家，將要變成一個什麼樣的國家，這種教育都很少，這是我們很大的失誤。」

——鄧小平

高勇爬上樓梯，走出北京亮馬橋站的時候，覺得自己的精神也抖擻了起來。他跟著湧向出口的人潮同步邁進，意志堅決。越靠近抗議地點，來自林蔭大道上激憤的怒吼聲就越響亮。他準備前往一九八九年以來中國最大的抗議活動現場。中國其他一百多個城市也迴響著類似的怒吼聲。[1]然而，這群示威者——大多都是年輕人——並不是在要求自己的政府擔負什麼責任，相反地，他們團結起來是為了支持中國的外交政策。

這種自以為正義的憤怒，是天安門事件的遺緒之一；一九八九年後，共產黨以民族主義來鞏固其搖搖欲墜的統治正當性。從那之後，在政府當局的默許之下，中國出現的大型街頭示威都有濃厚民族主義色彩，包括一九九九年為抗議北約（NATO）轟炸位於貝爾格勒（Belgrade）的中國大使館而發起的反美示威活動，以及二〇〇五年火爆的反日示威活動。

當高勇從地鐵站走出來的時候，變成了一整群人中的一分子，和他們共同向日本抗議。二〇一二年九月，日本政府從私人手中買下了位於中國東海上具有爭議性的島嶼，這件事立即引發了民怨。這座島礁——在日本稱為尖閣諸島（the Senkaku islands），在中國則稱為釣魚島——目前由日本管理，但日本、中國和台灣同時都宣稱對其擁有主權。這次的遊行尤其激烈，因為正好發生在國恥日，即一九三一年九月十八日日本侵華戰爭的周年紀念日。每年的這一天，早上九點十八分整，在高勇位於中國東北部葫蘆島的老家，空襲警報的鳴笛聲都會準時響徹雲霄。

高勇聽聞有反日示威活動的當時，他正在北京買二手車，打算把車賣回老家。他當下就覺得自己必須加入活動；他認為對抗日本是身為中國公民的責任。用他的話說：「中國弱的時候會說：『如果你想要，你就拿去吧。』但現在中國成為強國，你就不能對別人屈服。」我們在一家購物中心的高檔中餐廳吃飯聊天。高勇穿著漂亮的西裝，有一種老成男子的自信，所以當我知道他其實只有三十二歲的時候很是驚訝。從遊行的人口統計數據來看，民族主義似乎在年輕人之中比較受歡迎。「年輕人可能更有一種保衛國家的心情。」他認真地解釋道。

這場反日示威活動是高勇參加的第一場遊行，凡事他都覺得很新奇：像是有志工向示威者分發中國國旗和礦泉水；大街上擁擠的人潮讓他聯想起中國成語「人山人海」；以及遊行隊伍的組織效率。一開始，他被圍在一個臨時劃出來的等待區，有人告知他要等待二十分鐘。一個好管閒事的男人在指揮群眾，表情莊嚴得像是奧林匹克運動會的司令員。好不容易終於輪到高的隊伍沿著大街一側遊行，他們在日本大使館前面稍作停留，先對著使館大吼大叫一陣，然後再繞回大街的另一邊，形成一個小型且受到嚴加控管的憤怒團體。

高勇很享受遊行的過程，很喜歡呼喊像是「打倒日本帝國主義」或是「對日宣戰」

等口號。他還大唱中國國歌，握緊拳頭振臂高呼「中國加油！」能成為這麼一大群慷慨激昂的年輕人中的一員，讓他感到相當自豪。雖然他只是重複在一條短短的路線上繞了一圈又一圈，仍舊精神奕奕。不知不覺地過了三個小時，他才發現自己早已腳瘦疲累了。

北京這些遊行進行到今天其實是第四天了。我一直在追蹤他們的進度。街頭流傳一個說法，據說第一批抗議者是防暴警察，開始有平民加入的時候，他們就退場了。這個說法從未獲得證實。不過政府確實藉由允許一整條大路封閉大半個星期，並在首都實施交通管制方便民眾進行示威抗議，讓他們的聲音——符合政府的立場——能夠好好傳達出去。隨著時間流逝，遊行的組織機器變得越來越複雜，等到高勇加入的時候，示威活動已經發展得像是北韓的閱兵儀式那樣自發行動了。街上不僅發旗子，示威者拿在手上揮舞的還有大舵手毛主席的海報。群眾大多是二十幾歲到三十幾的年輕人，隊伍中還有一群穿著運動服的學生，一邊擺姿勢拍照，一邊露出上相的微笑比出象徵著勝利的V字型手勢。我也遇到一群建築工人，他們興高采烈地從建築工地坐著大巴士到抗議現場，花費一整天的工作日來參與示威。當我正看著這個奇觀時，一位中年男子佇足在我身旁。「我不是被組織參加遊行的。」他惆悵地對我說，眼睛盯著那團怒吼的人群看。「這是政府控制、組織的遊行。你不能想去就去。至少大學是有組織的。北京至少有五十萬大學生，如果他們一下子全部出來，那就無法想像了。」

有一些像高勇這樣的遊行示威者，很顯然是自發來參加的。不過當我採訪到一位留著整齊的髮型，肩上披著一面中國國旗的中年男子時，我更加懷疑官方煽動的成分比較高。

「你為什麼在這裡？」我問他。

「我為自己能在捍衛祖國主權中扮演很小的角色感到非常驕傲，」他圓滑地回答。聊天的時候，我提到了街上有很多的警察。他直視著我說：「你怎麼知道我不是員警？」「我不知道。」我回答，這才注意到他的髮型、舉止，還有一點專橫的樣子和警察有點像。「你是員警嗎？」

「別問我。」他說，神情僵硬，環顧四周想落跑。這下，我才發現我們周圍抗議者都是男性，他們身材勻稱，留著相同的短髮。網路上曾充斥著這樣的謠言：在某個城市，有名男子率眾推翻了三輛汽車，這名男子後來甚至被認出是警察。不過這條消息很快就從社群媒體上消失了。

整個國家安全機構的全體人員都動員起來了，難怪有人會質疑幕後有個最終的掌控者。直升機在頭頂上嗡嗡作響，低空掠過一條著名的高級商店街。精銳的防暴警察頭戴鋼盔層層地保護著日本大使館，透過透明的壓克力盾牆小心翼翼地往外看，同時身穿海軍藍制服的武警部隊負責包夾每一群遊行者。每隔十五英尺就有一名身穿淺藍色夏季制服的警察駐守，遊行隊伍中圍起來的區域入口處則有一些面目兇惡、身穿黑衣的年輕人走來走去。即使是安全機構最低階層的人也出動了：街道兩旁站著數百名社區志工，其中許多是老婦人。她們手臂上別著紅袖章，每隔幾英尺就有一個坐在折疊椅上，她們抓緊機會織著毛線，腳邊則整齊地放著自己的茶壺。政府當局大概覺得這裡需要配置多得這麼誇張的人力。雖然整場遊行都是設計出來的，但是這群遊行者發出的怒吼卻很真實。

當我和一位名叫朱澤耀（音譯）的大學生一起遊行的時候，震驚地發現了這一點。他紅著臉跟我交談，吞吞吐吐地透露，他正在大學就讀汽車工程。我問他，他畢業之後想做什麼。「我想要學習建造坦克，去消滅日本人。」他回答，鼻孔噴著怒氣。

他旁邊坐了一位身材魁武梧的年輕人，名叫穆培東（音譯），他說他自己的工作涉及網路行銷策略。他舉著自製的抗議布條，上面寫著：「寧可殺光日本人，也要收復釣魚島！」他還領著遊行者齊聲高呼：「對日宣戰！」、「勿忘國恥！」

製造國恥

「勿忘國恥」這四個字，正是共產黨在天安門事件後，將其政權正當化的核心伎倆。一九八九年，共產黨策動解放軍攻擊自己的人民，加速了一場醞釀多年的意識形態危機。「中國人民的意識形態不再以社會主義和共產主義為主，」汪錚說。[2]他是威爾遜中心全球研究員，亦是《勿忘國恥：中國政治和對外交往中的歷史記憶》（*Never Forget National Humiliation: Historical Memory in Chinese Politics and Foreign Relations*）的作者。「出現了一種精神上的真空地帶。民族主義是操弄人心最好用的工具。」

六四之後，鄧小平自己就做下結論，他認為共產黨最大的失敗是缺乏思想教育。[3]他在鎮壓事件五天之後，對戒嚴部隊發表的談話中說：「我對外國人講，十年最大的失誤是教育，這裡我主要是講思想政治教育，不單純是對學校、青年學生，是泛指對人民的教育。對於艱苦創業，對於中國是個什麼樣的國家，將要變成一個什麼樣的國家，這種教育都很少，這是我們很大的失誤。」這席話揭開了近代史上最大規模的思想改造的序幕。

在鄧小平的講話之後，教科書被重寫，改變了觀看過去與現在的方式。階級鬥爭已經出局，現在換國恥上場。中國的勝利者姿態已過時了；取而代之的，是一個百年來受外國欺凌與半殖民化的受害者形象，唯有依靠共產黨方能從中解脫。百年國恥始於一八四二年，英國為結束第一次鴉片戰爭而施壓清朝簽訂的條約；延續到中國被外國列強劃分成不同勢力範圍的時期，之後在一九三一年殘暴的日本占領中達到顛峰。這樣的屈辱要一直到一九四九年，共產黨把中國從「半殖民半封建」中「解放」出來才結束。如此一來，國家和黨的利益天衣無縫地結合在一起；愛國等同於愛黨，而對黨的批評會被視為叛國。

這種思想是為了否認一九八九年的示威學生聲稱自己在愛國主義驅使下出來抗議的說法；同時也讓共產黨對學生示威抗議的定調更穩固，一口咬死學生都是受到敵對外國勢力的煽動，意圖推翻共產黨和社會主義制度。

這群「暴亂的煽動者」被指控接受國外各種政治勢力的財政援助，並透過像是美國之音（Voice of America）等外國媒體，積極地「散布謠言、挑起事端、火上加油」。[4]在這樣的背景下，六四之後的西方經濟制裁被視為又一次的恥辱，這在鄧小平眼裡，堪比一九〇〇年義和團運動後八國聯軍對中國的入侵。[5]蘇聯的解體，進一步地讓中國共產黨領導人認為鎮壓民主運動有其必要。據報導，一九八九年的總理李鵬在二〇〇一年時表示，「自由化的浪潮」已達到危險水平。[6]「如果這種趨勢再持續三年，類似柏林圍牆倒塌的事情就會發生在中國，共產黨會垮台。」

到了一九九四年，新的愛國教育運動在全國展開，受到師生的熱烈歡迎。以前那些強調階級鬥爭和寄生的資本主義即將滅亡的舊版教科書已經不合時宜了，因為只要學生們往窗外看，就能看到資本主義蓬勃發展，與他們在學校學的一切背道而馳。將焦點放在國恥雖然更容易讓人接受，卻也是比較陌生的議題；美國政治學家威廉・卡爾拉漢（William Callahan）在中國國家圖書館查閱圖書時，竟找不到一本一九四七年至一九九〇年之間國內新出版，關於國恥的著作。[7]

後天安門時代的教科書被修改得面目全非，有一些歷史人物甚至從惡棍翻轉成了英雄。一個例子是清朝的左宗棠將軍（對，就是名菜「左宗棠雞」的那個左宗棠）。他因一八六〇年代鎮壓農民起義而被判為階級叛徒。然而，他後來擊敗了俄羅斯對新疆的入侵，成功捍衛中國領土完整，現在他被重新歸類為英雄。

在中國，重寫歷史書籍的濫觴可以追溯回公元前二二一年，一統天下的第一個皇帝秦始皇，他為了鞏固對政治思想的控制，下令焚燒所有學術書籍，只留下他自己的歷史學家寫的編年史。後繼每個朝代都按照自己的目的改寫歷史，這樣的模式一直延續至今。儘管一九八九年後仍是共產黨掌權，但它對歷史進行全面改寫的大動作，也顯示了它受到廣場上發生的事件有多大的動搖。

復興之路

一九三二年，日本人占領了高勇的家鄉葫蘆島，中國有超過九百個城市遭受相同的命運。[8]如今，這裡成了一個灌木叢生的海灘渡假村，位於比它更高檔的北戴河上方。

北戴河是中國共產黨領導層每年夏季的時候都會飛來聚會的地方。葫蘆島的主要海灘是以當地的「三一三醫院」為名，這裡擠滿了成群來度假的中國人，他們站在水深及膝的棕色混濁海水中，頭上撐著傘，腰上纏著橡皮圈。這裡是一個唯利是圖的渡假勝地；沿著海濱，六棟正在建造中的摩天大樓從昏暗的霧霾中露出光禿禿的鋼架，做日光浴的遊客們在空間狹小、布滿洋芋片包裝袋和糖果紙的沙灘帶上擠來擠去。

城市邊界之外是個海角，可以俯瞰貨櫃碼頭和大片的填海陸地。和葫蘆島市的很多其他地方一樣，這裡也在興建中。不過這裡蕭瑟荒涼，並沒有因為建了一個孤零零的混凝土看台和一個刻著船造型的花崗岩紀念碑就有所改善。這個紀念碑甚至沒有完工，雕刻家在絕望中半途而廢。根據紀念碑上的題辭，二戰結束後曾經有一百零五萬一千零四十七位日本戰俘從這裡被遣返回國。紀念碑的背面鐫刻著一段文字：「決不讓歷史悲劇再次重演，衷心期盼中日友好世代相傳。」這樣的情操在今日的中國卻顯得過時了。

在日本占領東北期間，高勇祖父曾被日軍俘虜。家族間流傳著一個故事，他的妻子救了他。妻子是一名地下黨員，裹小腳，但地位卑微到甚至沒有名字。這成了當地的奇聞軼事，雖然沒有人跟高勇說更多的細節，但是當年他年紀小，也從來沒想過要問。他十一歲的時候，祖父母都過世了，能夠查證這個故事的機會也沒了。當高勇告訴我他的家族歷史時，我越來越清楚，任何對日本的敵意都不是源自於模糊的歷史記憶，而是被更當代的力量所煽動。

高勇對過去的看法之中有著衝突，這顯示了黨把歷史的焦點集中在某些特定片段，刻意遺忘其他部分。提到一九八九年民主運動的鎮壓事件時，他很快地指出，當時他只有七歲。「我沒有什麼印象，」他語氣堅決地告訴我，「到現在我也沒什麼印象。把自己生活過好了，把錢掙到手就行了。你老往回看，那還有啥意思啊？你現在事兒都一大堆都解決不了。」

然而，黨的愛國教育策略要能確實執行，就必須回頭引用歷史，而且必須嚴加控管引用的方式。歷史上某些時期應該要被忘記——尤其是那些由於錯誤的內部政策造成的創傷，例如文化大革命和六四。但是，如果痛苦是由外部因素所造成的，這類事件的記憶則應該被保留下來，以確保中國公民一直懷著感恩之心，感謝共產黨領導人將他們從過去的劫掠中解救出來。

因此，高勇不自覺地跟黨的腳步同調。他到北京買車的時候，常喜歡去參觀圓明園。圓明園是一個為中國清朝皇帝設計的洛可可式行宮，到處是輝煌華麗的圓柱和波提切利風格的花式貝殼裝飾。在一八六〇年第二次鴉片戰爭期間，英國使節遭清軍殺害之後，英法兩國的軍隊將這裡夷為平地。當年毀壞的遺跡被保留了下來；時至今日，公園裡處處可見碎裂的大理石塊和強調英法兩國重大罪行的標語。用高勇的話說，圓明園的劫難是中國的「皮肉傷」。然而，這種屈辱為中國鋪成了復興之路。

「復興之路」實際上是中國國家博物館一個大型常設展的標題，而這個博物館也是宣揚共產黨正統歷史的聖地。在展出的九百八十幅照片中，有一幅是鄧小平在六四之後祝賀戒嚴部隊的情景，這是在場唯一一個且相當隱晦提到六四的資料。不過整體來說，這個展覽的野心要大得多。它的使命是描繪「中國共產黨領導下的國家復興」，始於「第一次鴉片戰爭」——它是中國共產黨定義的近代歷史黎明。這裡最有價值的展品是，一九四九年十月一日第一個國慶日上升起的國旗。[9]因為當時布料短缺的關係，這面國旗是一位裁縫將一條條的布縫在一起而成的。

二〇一二年習近平登上國家主席寶座後，中國新一屆領導委員會的首次亮相就選擇參觀「復興之路」，這趟朝聖之旅具有象徵意義。一行七人嚴肅地站定位拍照，每個人從頭到腳都穿得一身黑，像是在參加喪禮一般。[10]同時，習近平發表了他意識形態的核心思想，他宣布說：「在我看來，實現中華民族的偉大復興，是中華民族近代以來最偉大的夢想。」習近平的「中國夢」標誌著一個轉折點：共產黨對政治或社會議題的關注已經轉向到民族主義。中國夢的定義曖昧含糊，內容包羅萬象——包括提高人民生活水平、增強軍事實力以及打造整體國家復興——但它的核心其實就是民族主義。

劉明福的中國夢

「中國夢」首次滲透到中國人的意識，源於二〇一一年一本暢銷書的標題。作者是解放軍大校劉明福，他也在國防大學任教。劉大校又高又帥，有身為軍人的挺拔威武，講話卻散發某種官僚氣息，不斷用手指指東指西的。他的《中國夢》甫出版，就設法聯繫上我和我的助理，邀我們進入北京軍事基地去採訪他。外國人通常是不被允許進入這個軍事區域的，所以他要我們坐在黑色軍用轎車後座，在快速地駛過大門的時候趴低。然後進到了一個寬闊的住宅區，裡面有籃球場、低矮的磚房和小小陰暗的公園，所有一切都隱藏在大路之外。

然而，當我們抵達他的公寓時，大校臉上卻掛著僵硬的笑容坐在一張巨大的桌子後面，他宣稱，身為現役軍官不得向外國媒體公開發表意見。我們談判了好長一段時間，中間幾次還差點談判破裂，最後好不容易敲定了一個複雜的妥協方案。他找來兩名來自國防專業出版刊物的中國記者，乖乖地坐在桌子對面。大校宣布，將用他們的設備錄下談話，然後將音檔發布在他們的網站上。其中一人立即行動起來，打開一個古董一般的錄音設備，然後卻很快地打起瞌睡，他的頭很不自然地垂在胸前一直到採訪結束。是否這樣的錄音效果會讓劉大校的聲音聽起來像在海底用留聲機採訪，不是很重要。他對這樣的安排很是滿意。因為從技術上來說，他可以靠這種讓中國記者採訪的方式，免除與外國媒體對話的罪責。

兩年後，我們又一次在劉大校的公寓見面。這一次他的心情要爽朗許多。他已經退休了，無須再用複雜的方式接受採訪。更有趣的是，他的書在季辛吉（Henry Kissinger）的新書《論中國》（*On China*）上被提到。[11]他匆匆去取來季辛吉著作的英文版和中譯本，這樣我們就可以用雙語完整地欣賞他的成就。季辛吉認為劉的書的前提是，西方要比以前認為的弱得多，同時又強調中國應該要建設自己的軍事威懾力量，從而拒絕「和平崛起」的概念。在一個連習近平女兒都選擇哈佛而不是中國頂尖大學的社會裡，像劉大校這樣毫不掩飾的民族主義者將美國的認可視為一種成就，並不奇怪。

劉大校的觀點簡單說就是：中國應該成為世界第一軍事強國。他非常有自信習近平會同意他的夢想。「我的中國夢和習主席的中國夢本質上是一樣的，都是實現中國民族的偉大復興，」他告訴我，「只不過說法不同。我是國防大學的學者，我說中國要成為世界第一，美國會不高興。但如果習主席說要變成世界第一，美國是無法容忍的。」

這個中國夢，正是在中國政府在地區事務上越來越強硬之際出現的。目前中國與鄰國正捲入領土的爭端，包括了日本、菲律賓、馬來西亞、越南、汶萊和台灣。事實上，現在中國以U型的「九段線」為基礎，宣稱擁有南海近九成的主權。九段線最早出現在一九四七年中國國民黨政府發布的地圖上。中國政府正在積極主張其領土所有權，它派遣船隻到距離中國大陸一千英里的地方進行演習，其中一次演習距離馬來西亞只有五十英里。近年來，北京還擴大使用一系列非軍事機構，例如中國海監總隊、交通運輸部海事局、農業部漁業漁政管理局以及國家海洋局等，來貫徹它的海事請求權。

現在，中國人的足跡幾乎遍布世界所有角落。北京已派出「蛟龍號」潛艇進行深海探測，還有一批又一批的中國太空人在外太空繞行地球。二〇二〇年以前，一個永久性的太空站將建成，根據目前計畫，太空人登陸月球的計畫將隨後展開。就在美國剛結束自己的太空梭計畫之際，中國不斷增加太空計畫的投入，其意義不言可喻。二〇〇八年，太空人翟志剛穿著價值四百萬美元、中國設計的太空服，完成中國首次太空行走之後，他對中國國家主席胡錦濤說：「置身茫茫太空，更為我們偉大的祖國感到驕傲！」[12]

北京奧運

在中國，從口號的出現與消失可以看得出政治風向的轉變。這裡流行數字格言，例如「兩個凡是」、「三個代表」、「四個現代化」以及「和平共處五項原則」。這些口號倏忽地在公共意識中來來去去，如船過水無痕。這讓我突然想起了中國夢開始流行起來的五年前，那時鼓吹更宏大的夢想的口號鋪天蓋地，但後來卻幾乎是立刻被拋諸腦後。這個標語當年從二十一萬個候選句子之中挑出來，作為二〇〇八年北京奧運會的口號：「同一個世界，同一個夢想。」[13]

在長達八萬五千英里，環繞世界的「和諧之旅」中，沿路都有人權工作者與西藏支持者在抗議奧運火炬，顯示出這個號稱世界大同的夢想，只不過是個幻想。生活在海外的年輕中國人，看見祖國榮耀的時刻被玷汙而感到憂心如焚，他們開始在傳遞火炬所經過的路線上對抗議者進行反示威。顯然中國夢無法得到太多認同。這場危機在巴黎達到了頂點，一名坐著輪椅的中國殘奧運動員被迫用他的上半身，阻擋試圖從他手中奪走奧運聖火的尖叫抗議者。現場陷入完全混亂的場面，與北京奧組委所設想的莊嚴景象相去甚遠。中國民族主義者將憤怒的矛頭指向了法國連鎖超市家樂福，在中國的分店外舉行抗議活動，並試圖進行抵制。

對外國記者來說，二〇〇八年是個混亂不安的一年。[14]民族主義的導火線可能會被一個詞、一段錯誤的說明文字，甚至可能僅僅是未說出口的詞語暗示給點燃。至少有十名外國記者收過死亡威脅。有一些曾隨政府訪問西藏，當他們返回北京後，一個小時內就接到多達三十通的騷擾電話，即使他們的聯絡資訊並未公開。

當時，我與ＢＢＣ駐上海新聞記者昆汀．薩默維爾（Quentin Sommerville）共用一間辦公室。在電視直播的新聞發布會上，他問當局將採取什麼措施來保護奧運聖火在西藏的傳遞。為此，他收到了死亡威脅，憤怒的民族主義者認為這個提問話中帶刺。一開始我們對網上的怒罵，例如昆汀應該要「被自己的口水淹死」，並不真的當一回事。然而幾個小時內，我們辦公室的地址就被公布在網路上。我們的中國同事被汙衊為漢奸。這些威脅不再能被一笑置之了。有好幾天我們都在家工作；而我們的中國同事如坐針氈了好幾天。

這是我首次見識到民族主義的霸凌威力。共產黨的教育計畫成功塑造了一整個國家的愛國人士，而這種對國家的愛正朝向受政府撐腰的民族主義傾斜。中國這一百年遭受的迫害和中國共產黨的解放行動，讓當代中國人陷入了兩種矛盾的精神分裂情懷中，一邊是自我仇視，一邊卻是自我膨脹。

北京奧運會的開幕式是一道分水嶺。當第一發煙火繞著鳥巢體育館的邊緣急速旋轉時，閃爍的燈光倏地照下，打在兩千零八位同時擊鼓且整齊地不可思議的鼓手上，同時人群的狂吼則像是這個國家終於找到自己的聲音。電影導演張藝謀花了十三個月的時間對表演者進行訓練，讓精心編排的開幕式增強觀眾的愛國主義情緒。開幕式的內容是中國四項歷史性發明——紙、火藥、印刷術和指南針——以及中國重新崛起為世界強國。表演者將近一萬四千名，其中有近三分之二的人來自解放軍或者準軍事部隊，印證了歐威爾的名言：認真舉辦的體育活動是「一場不開槍的戰爭」。[15]

隨著中國選手奪金的捷報滾滾而來，原本義憤填膺的民眾轉為充滿勢在必得的驕傲。奧運後的光環撐起了人民的自信。在全球金融危機衝擊世界秩序的過程中，中國已經取代日本成為世界第二大經濟體，並成為美國最大的外國債權人。在政治上和經濟上，中國不再是「亞洲病夫」。中國年輕人更加肯定，他們的國家應該得到他們認為理應得到的尊重。

愛國教育

如今，愛國主義的教育已經無孔不入地滲透到中國人生活的各個層面。走在任何一條街上，你都可能會經過一個街道委員會立的黑板，上面寫著振奮人心的愛國情操。翻開任何一本教科書，甚至是一本文法書，都會看到一堆充滿民族自豪感的文字。打開電視，會看到日本士兵在戰鬥中不斷地被勇敢的中國戰士打敗。政府對內容的嚴格控制，讓神怪故事、穿越劇、通姦，甚至間諜傳奇之類的電視劇都被各種各樣的審查機構禁止播出，只剩下反日的節目。後來這種情況過於誇張，監管機構只好以「過於戲劇化」為由，限制了反日行動的片段。

二〇〇四年，與日本抗戰有關的電視節目通過審查的總共有十五部。[16]到二〇一一及二〇一二年增加到一百七十七部。觀眾對反日娛樂的需求反應熱烈，在中國最大的電影製片廠橫店所拍攝的影片中，有三分之一涉及抗日戰爭。有些人甚至把這個電影製片廠稱為「最大的抗日基地」。

事實上，反日情緒已成為主流。當地一家報紙刊登了一篇文章，解說如何成功地充當臨時演員的訣竅，該報稱這些臨時演員為「鬼子」。該報採訪了一位名叫史中鵬的演員，他以跑龍套扮演日本兵聞名。文章提了許多他的建議：「作為一個經驗豐富的『鬼子』，史中鵬用一句話總結了他所學到的東西：『你看起來越可怕越好。』選角團隊專門挑選那些外表猙獰，看起來有點邪惡的人來演『鬼子』。接受採訪時，史中鵬駝著背，瞇著眼，擺出一副兇惡、卑鄙的樣子，好讓自己更容易被選上角色。」[17]接演日本兵角色的機會多到他應接不暇，最高紀錄是一天要被宰三十一次。[18]不過他也不忘展現政治正確的態度，宣稱自己的夢想是扮演紅軍。

中國共產黨推動愛國教育不遺餘力，還借用了明星演員的力量，試圖將自己創造的神話神格化。二〇〇九年建國六十周年前夕，共產黨製作了兩部轟動一時的電影，動用了數百名中國最具票房號召力的明星，在這部新時代的宣傳史詩電影客串演出。《建國大業》上映後以六千五百多萬美元打破票房紀錄。但這其實一點都不令人意外，因為學校或政府機構強迫他們的學生與工作人員進場當觀眾。[19]

影片中鮮少提及階級鬥爭，完全符合當前的政治要求。反之，觀眾會看見電影中的毛主席抱怨，因為資本家實在太少了所以無法買到香煙。「如果沒有商人，我甚至買不到香菸，」他說，「更別提市場繁榮了，我們必須拜託他們回來。」當然這是虛構的，毛主席從未說過這番話。這部電影和二〇一一年的續集《建黨偉業》充斥了許多從未發生過的場景。例如有一幕：一九一九年，年輕的毛主席提著行李箱在碼頭上，準備和十六歲的鄧小平一起坐船去法國，臨行前他突然改變了主意。這類企圖歪曲國家歷史的做法在網路上遭到大量的嘲笑。然而，當歷史不斷被改寫，要從虛構中梳理出真實就會變得越來越困難。

愛國主義教育不僅竄改歷史書籍和大眾娛樂的內容，也改變了國內的旅遊業。一九九四年，中國的紅色旅遊政策開始對「愛國主義教育基地」進行補貼。二十年過去，中國有一萬個紅色旅遊景點，它們宛如一座座共產黨的迪士尼樂園，訴說著被歪曲的中國歷史。數字顯示這種產業非常成功。二〇一一年，參觀紅色旅遊景點的遊客超過五億人，占國內旅遊總量的五分之一。[20]

其中一個徹底被紅色旅遊改造的城市，是延安的山區基地，這裡曾是中國共產黨一九三五年長征的終點。在這個塵土飛揚的小地方的山坡洞穴裡，毛主席和他的革命同志在接下來十幾年與世隔絕，反覆琢磨共產黨的意識形態。一九九一年，我第一次去延安的時候還是一名學生，而延安還是一個貧困的小鎮，除了山坡上挖出來的幾個潮濕洞穴之外，幾乎沒有什麼能觀光、購物的地方。甚至還發生過一個極度尷尬的誤會，我們在一家店裡試穿衣服的時後被趕出來，後來才知道那裡其實是殯儀館，我們穿的衣服是給大體穿的壽衣。

二十年後，這個小鎮被譽為「中國共產黨革命聖地」，在這個官方仍然信奉無神論的國家裡，這稱號顯得有點矛盾。二〇〇九年，地方耗資了八千萬美元建造了一座像大洞穴般的革命紀念堂，裡頭陳列了一些文物，例如曾經被偉大舵手使用過的淡紫色金屬肥皂盒。[21]一個雄偉的毛主席雕像，雙手扠腰，俯瞰著一個被夷為平地的巨大空曠的廣場。在我近期一次拜訪中，紀念館大廳擠滿了裝扮成紅軍士兵的人群，每個人都穿著嶄新淺藍色棉質夾克和過膝褲。一開始我以為他們是政府官員，或者可能是接受政府贊助招待的國有企業的職員。結果，他們其實是中國安麗（Amway）的業務，他們因為護膚品和蛋白粉賣得特別好所以獲得了一個紅色旅遊假期作為獎勵。他們排著隊伍要拍團體照，興奮地大喊著我聽不太懂的口號。我猜測是共產黨的口號，直到後來我才知道這支新紅軍喊的是當年最暢銷的安麗產品的名字。

每年兩千萬名遊客來訪，觀光巴士載著一批批的遊客從一個革命景點旅遊到下一個，堵塞了每一條路。[22]許多遊客是政府官員或是黨員來參加組織旅遊，進一步了解這個黨的文化遺產。晚上，他們會擠進一個最先進的劇院欣賞意識形態正確的百老匯式豪華舞台劇，例如大手筆斥資五百五十萬的《延安保育院》，內容是關於一群父母在抗日戰爭中犧牲的孤兒的故事。至於購物方面，這裡隨處可買到跟毛主席有關的紀念品，例如毛澤東的香菸或是這位偉大舵手閃亮的金色半身像。

延安郊外的小山坡上，每天都會為遊客重現一場對抗國民黨的戰鬥。若再多花幾塊美元，遊客甚至可以穿上戲服，加入擊敗國民黨軍的行列。這是一場精心打造的表演，包括大量槍林彈雨的背景聲、一輛古董坦克，最後還有一架生鏽的飛機沿著溜索滑下來作為結尾。我去的那天，木凳上擠滿了遊客。當一位長相酷似毛主席的人出現在台上，模仿毛主席發表演講的時候，現場歡聲雷動。演出結束後，我遇到了一名平易近人的酒商楊小武（音譯），他家距離這裡一百五十英里，他來這裡旅遊超過十次。這一次，他帶著他的業務人員來這裡參加團隊凝聚訓練。他告訴我，這裡是個很合適的地方，因為毛主席的經典文章〈論持久戰〉是他的商業聖經，用來幫助他的團隊制訂銷售產品的策略。

毛主席革命大本營當代的形象，讓人看出中國共產黨的意識形態在過去六十五年裡可以改變多大。在那裡的一個沒人注意到的會議大廳裡，有一幅一九四〇年的橫幅標語，寫著早日實行民主。毛主席本人曾主張多黨民主，但他在掌權之後就放棄了這樣的立場。如今，延安已經成為一座巨大的主題公園，專門用來讓人民懷念一個不存在的過去，並從那些沒有經歷過這些歷史的年輕人身上撈錢。如今的共產主義變成要為消費主義服務了。

紅色旅遊強調革命者為建設今日中國吃盡千辛萬苦，藉此培養人民對共產黨的感激之情。我遇到的大多數遊客似乎都滿享受自己的假期（尤其是如果這個假期是政府補助的話），但即使身處在革命聖地的心臟地帶，有時候還是有人對政府不甚滿意。在一個毛主席曾住過的窯洞，有一個跟著村委會一同來參觀的老人對政府的腐敗感到氣憤，忍不住在這個共產黨聖地破口大罵。「現在有八千萬黨員」，他說，「我覺得其中一半都該死。如果每一個縣級或縣級以上的官被行刑隊打了，我不覺得有無辜流血的。」

甚至是在國家博物館的「復興之路」展覽中，訪客留言本上也潦草地寫滿了對共產黨史觀的公開異議。博物館對歷史一直粉飾太平，在關於長達十年之久的文化大革命的部分，僅用了一張照片和三行文字就描述完畢，關於六四的歷史也是用相當隱晦的方式處理。對那些曾經歷過黨的群眾運動的人來說，這樣的刻意留白顯得相當刺眼。一位憤怒的遊客寫道：「『復興之路』的歷史視角有大問題！」另一位遊客則評論：「展覽上幾乎沒有關於大躍進或文化大革命黑暗的血淚史。在建設完復興之路後，這個國家需要正視自己的歷史，避免重蹈覆轍。」

新紅衛兵

這樣的評論與在中國政法大學執教的學者叢日雲的擔憂不謀而合。我和叢日雲在距離北京一個半小時車程外的小鎮上，一個有隔間的不知名咖啡店裡碰面。蒼白的圓臉、整潔的頭髮、黑色的公文包，乍看之下活脫脫一副中國中階層的官僚樣子，然而他是一位受人尊敬的學者，敢於與黨的官方路線相左。他有一門課程名為《西方文明通論》，標題看起來不怎麼有威脅性，但內容卻相當尖銳，這堂課探討的是中國人對西方歷史的誤解。

二〇〇五年，叢教授獲傅爾布萊特獎學金到耶魯大學做一年的訪問學者，在那裡他目睹了中國愛國主義教育運動產生出乎意料的後果。他發現對新到的中國學生來說，讓他們看見既有歷史的其他觀點，並不會讓這些學生心智大開，反而會進一步加強他們既有的信仰。學生們通常會認為美國教授根本不懂中國歷史，甚至認為美國教育在兜售錯誤資訊，是西方主導的陰謀之一，目的是要阻止中國崛起。這些學生中有許多是中國的菁英，他們浸淫在愛國主義教育中，受到的影響極為根深蒂固，完全無法接受對中國歷史的不同解讀。他們經常與教授起爭執，課程討論常淪為激烈的爭吵。

隨著越來越多的中國年輕人到海外留學，這種事情變得越來越普遍。二〇一四年，有將近二十七萬五千名中國學生在美國大學就讀，占美國所有外國學生的三分之一。[23]二〇〇六年，麻省理工學院深陷一場爭議，有兩名教授在激怒了幾位中國學生之後收到仇恨郵件和死亡威脅。[24]這兩名教授在「視覺化文化」（Visualizing Cultures）的多媒體課堂上使用了一張超過一百年的古老日本木版畫，描繪一八九四年中日戰爭的場景。圖片顯示一名日本士兵揮著劍，準備斬首一名跪在地上的中國戰俘。後面坐著一排排的中國俘虜等待受刑，圖片前景則是其他中國囚犯綁著辮子的頭顱在血泊中滾動。光是因為這張照片，中國學生就指責約翰・道爾（John Dower）以及宮川繁（Shigeru Miyagawa）這兩位教授支持日本軍國主義和種族主義。中國學生學者聯合會在一份聲明中譴責，「不恰當的圖片展示傷害了全世界成千上萬中國人的感情」，並要求為圖片提供合理的歷史背景介紹。[25]

事實上，道爾在線上課程的文章上描述了這些木刻版畫是如何被用來激發日本新興的民族主義、軍國主義和帝國主義意識。他稱這幅版畫所呈現的「異常可怕的場景」，是「對中國人的蔑視」，並批評其暗含了種族主義。[26]然而，中國學生憤怒激起得太快，有些人甚至根本懶得去讀這篇文章，斷章取義地只轉貼了網站上的圖片，然後就認為這坐實了他們所抱怨的冒犯行為。在一場協調會中，中國學生要求校方道歉，永遠關閉網站，並取消相關的學術研討會。[27]對學院來說，這個事件威脅到了麻省理工學院教育使命的核心價值。先後在麻省理工學院及耶魯教中國歷史長達二十五年的彼得・佩德（Peter Perdue）教授更直言批評。他在一封致中國學生的公開信中表示，「他們違反了公民言論自由和講究尊重的基本學術規範。作為未來的中國領導人，他們有責任開放自己的思想，讓中國變得更強大，而不是沉溺於有害且狹隘又自以為是的義憤。」[28]最後，網頁被撤下，以便添加更多的脈絡說明，然後再重新恢復網站。但是，這些事件讓我們清楚地看到，新一代的民族主義者是如何維護自己的主張。

那麼，這種盲目的民族主義行為的根源為何？叢教授歸咎於中國要求教育和思想一致性的考試制度。高考決定了每個高中生的未來，決定他們能否上大學以及上哪一所大學，這施加壓力給老師，他們必須老老實實地教好學校課程，盡可能提高學生的錄取率。這樣的考試制度確保了教師和學生的思想純潔性和政治正確性，學生必須堅守所謂的正確答案，才能有未來可言。

在大學，教師可以採取更獨立的路線，但這麼做有風險。二〇一二年九月，叢教授在反日抗議活動中親身體會到了這一點。叢教授看到遊行的人手舉著毛主席的肖像，他認為這正好是個討論這位偉大舵手在領土爭議上的真實立場的好機會。毛澤東非但沒有如這群年輕的示威者所想那般採強硬路線，反而將有爭議的中國領土割讓給了鄰國，包含北韓、俄羅斯、蒙古和越南。叢教授打破了學生們的幻想，卻因此付出了代價。[29]他在課堂上提到，一九五三年毛主席執政時期，《人民日報》甚至還刊登了一篇文章，稱這個位於東海的爭議島嶼是琉球列島的一部分，含蓄地承認了它們屬於日本領土。學生們為此向校方舉報了他。校方把他叫來解釋自己的行為。叢教授苦笑地說道：「他們指責我告訴他們釣魚島屬於日本。」

叢日雲教授也擔心，藉由灌輸仇恨來建構民族認同會對心理產生負面影響。「以前是對地主、資本家和國民黨的階級仇恨。」他告訴我，「現在我們說西方帝國主義，他們如何侵略我們的，他們有多壞、多野蠻、多不講理。」叢擔心這些潛在訊息會導致一般老百姓對西方本能性地不信任，進而對上層的決策者施壓。

最讓他擔心的是愛國主義教育培養出了「新一代的紅衛兵和義和團」。前者是劇烈的文化大革命時期的暴徒，後者義和團則是在更早之前，二十世紀之交的反外國民族主義者，他們殺害了傳教士和信基督教的中國人。叢認為，現在的年輕人又陷入了過去那種少不更事的憤怒之中。「首先，他們很無知，滿腦子偏見。其次，這種仇恨教育把他們變得暴力。第三，他們仇外，不光是仇視外國人，同樣也仇視國內的叛徒。」

愛國教育的受害者

說回到早先的反日抗議。高勇加入了那群人潮後，他發現自己也跟著聲嘶力竭地高喊「對日宣戰！」、「抵制日貨！」他在午餐的時候向我坦承，他實際上並不支持這兩個主張，但他已經被抗議的新奇和人群的情緒沖昏了頭。事實上，高勇堅決反對與日本開戰，因為他相信只會帶來災難。至於抵制日貨，他也認為沒必要，因為市場力量讓中國產品對國內消費者越來越有吸引力。

他有點不太好意思地承認，他自己的相機就是日本品牌，因為中國的相機還沒那麼好。另外他也很樂意繼續銷售日本車，雖然他個人認為德國車和美國車的品質更好。高勇的態度似乎與許多大眾的反應相同；反日示威之後，日本對中國的汽車出口數驟降了百分之八十。[30]但是過了幾個月，隨著這股熱潮逐漸平息，日本汽車出口又漸漸回升，因為像高勇這樣的中國消費者太過務實，不會讓政治一直阻礙他們做生意。

總地來說，高勇對他所擁有的東西心懷感恩。雖然他從沒上大學，但中國充滿了機會，只要努力工作就能讓他致富。離開學校後，他經營了一家澡堂，開計程車，還開了家小燒烤餐廳，然後開始了他的二手車生意。他父母的生活則受到更大的侷限，他們分別在一家半導體工廠和一家石英玻璃工廠工作到退休。高勇不像他的父母，他掌握著自己的生活，沒有受到政治或其他方面的限制。不過他反而不想要更多自由，他覺得美國的生活可能太自由了，應該要有更多的槍枝管制來抑制大規模槍擊事件。

「我現在就知足，」他告訴我，與此同時我們正用我們的iPhone拍下眼前精心烹製的香菇和用花朵裝飾的豆腐。「我挺感謝這個社會的。所以我不是一個憤青，我愛國。」

高勇反而被示威遊行者不加掩飾的怒火嚇了一跳。在亮馬橋站的外面，有示威者撈起愛國的煎餅攤位老闆捐贈的雞蛋，見獵心喜地砸在日本國旗上。當人群對著日本大使館投擲雞蛋、番茄和瓶裝水時，旁邊的中國防暴警察竟然袖手旁觀，這讓高勇很震驚。其中某些警察甚至還被那些沒丟準大使館門的「凶器」波及而受傷。

北京以外的地方，一些抗議活動演變成了聚眾暴力事件，攻擊的目標甚至還包括被視為漢奸的中國人。在西安，一名中國司機從車子裡被拖出來，即使他一直大喊，「我也是釣魚島支持者，我也是反日的」，人們還是拿著沉重的自行車大鎖往他頭上砸。[31]他只是因為開的車是日本車豐田花冠（Toyota Corolla），就被打得頭破血流，幾周之後仍不能正常說話。這些憤怒的群眾在青島對一間豐田廠房和國際牌（Panasonic）的工廠放火，在其他地方則將日本百貨商店的商品洗劫一空，並攻擊日本餐館。

中國國營媒體批評暴力事件，但卻對示威活動表態支持，並拿美國的愛國主義教育來做類比，猛烈抨擊西方將中國的愛國主義教育妖魔化成洗腦。《中國日報》在一篇社論中指出，「許多中國人對日本右翼分子在釣魚島爭議的挑釁做出合宜的回應，表明了他們的愛國主義精神……愛國主義教育是國家實現戰略目標的核心手段。」[32]

然而，就在高勇參加抗議的隔天，集會突然就停止了。不到幾天的時間，原來壯觀的場面就像是某種集體幻覺。直升機在頭頂盤旋的同時，真的有成千上萬的人沿著這些交通管制的街道遊行嗎？日本大使館大門上的黃色汙漬是足以證明這件詭異的事情真的發生過的唯一證據。不過雖然反日的情緒爆發在大城市爆發之後幾乎煙消雲散，在比較偏僻的地方依然留下了一些長期餘波。示威活動大約六個月後，我們拜訪了我先生在雲南靠近越南邊界的家鄉，那裡每個人都在談論關於跟日本的戰爭，彷彿戰爭迫在眉睫。在滿是塵土的汽車上，畫著中國士兵刺殺日本人的塗鴉。我最愛光顧的小吃攤則展示了一個巨大的紅色標語，像是在提醒上門的顧客，蹲在塑膠兒童椅上大啖麻辣鴨舌和鱔魚米線的同時，「勿忘國恥」。一家服飾店甚至在地上貼了一面很大的日本國旗，附加指示說明，歡迎來光顧的客人在挑選新衣的時候，順便「踩死小日本人」。城市人的怒氣可能已經消退了，可是比較偏遠地方的人依然一鼻孔出氣地共同反日。

「中國人對國恥的記憶是理解中國外交政策的關鍵，」學者汪錚表示。[33]他認為網路放大了年輕民族主義者的批評聲浪，如今已經成為了影響外交決策的因素之一。「中國政府發現它變成了自己愛國教育運動的受害者。它的選擇非常有限。讓步變成了弱點，甚至是一種新恥辱，所以強硬是它唯一的選擇。」

一九八九年後，中國共產黨把賭注押在民族主義上，用這種方法來擴大政府的掌控權，分散人們對政治改革的要求。但他們用這場賭局投資的下一代如今逐漸長大成人，最後反而可能回過頭來動搖共產黨的掌控權。

吃午餐的時候，高勇一直努力地想用語言表達他對中國的責任、熱愛和感激之情。「愛國主義是我們內心一直都有的一種感覺，」他告訴我，雖然他承認，反日的抗議活動也提供了必要的紓壓管道。這從警方處理抗議活動時的態度看得很明顯。[34]他們允許示威者喊反日口號，無論內容有多麼煽動性，但是卻禁止他們喊出反貪腐的口號。「這是讓人發洩的一種管道，」高勇說，「老百姓產生了這麼大的情緒。如果你不讓他表達，那老百姓會反過來說這個政府太無能了。」

第七章

當官的人

「學生絕食還是不絕食，來一萬個人還是十萬個人都不重要，重要的是趙紫陽支持學生。學生鬧得越凶，鄧小平就越有理由。如果學生都回去了，鄧小平就沒有理由了。鄧小平調軍隊來的時候，並不是學生最多的時候，學生大部分已經回去了他才調軍隊來。」

——鮑彤

鮑樸看到來接他父親的車是一輛陌生的黑色轎車，他立刻明白，彼此將會有好長一段時間再也見不到面了。他的父親鮑彤是中國非常重要的官員之一：他曾是五人領導小組中央政治局常務委員會秘書、中共中央政治體制改革研究室主任，亦是共產黨總書記趙紫陽的得力助手。到了這個時間點，趙紫陽的改革派陣營和保守派之間的高層政治鬥爭已經塵埃落定，趙紫陽輸了。時間是一九八九年五月二十八日，趙從公眾視線中消失已經超過一個禮拜。鮑彤接到一通電話，傳喚他出席政治局常務委員的緊急會議，卻命令他不要使用自家的車和司機，當時全家人都知道他回不來了。

車子在他面前停下，鮑彤轉頭看向他的妻子蔣宗曹，「不知道以後什麼時候再見面。」他簡單地說完，就坐進了黑色轎車，身旁陪同的兩位公務員也跟著上車坐在他旁邊，然後車子就開走了。

鮑彤被載到領導層的所在地中南海，但卻不是平常舉行政治局常委會議的那棟大樓。會見他的人是共產黨組織部部長宋平。這個單位負責人事事務，擁有巨大的權力。幾句開場白之後，宋平深深嘆了一口氣，問道：

「你安全嗎？」

「怎麼個安全不安全？」鮑彤狐疑地問。

「你住的地方安全嗎？」

「我自己的辦公室就在中南海，我家就在木樨地那個部長樓，沒有什麼不安全的？」鮑彤說。

「恐怕你得換個地方了，」宋平建議，「學生要準備搞你。」

「不會。學生認識我，學生跟我能有什麼事兒，」鮑彤說，並指出宋平本人也在中南海領導層工作。

「你的目標大，」宋平回應，「學生都在注意你，你得換個地方。」

不久之後，會見結束。宋平親自送鮑彤出門，最後攥緊了他的手護送他上另一輛車：警車。鮑彤坐上去之後，左右兩邊又各擠了一名衛兵，說是這樣才能保護他的安全。車子蜿蜒地穿過北京，為了避開擠滿抗議者的街道，拐了一個又一個的彎，到後來鮑彤完全迷失了方向。

然而打從一開始，他就很清楚這一趟的最終目的地。車子穿過郊區，駛向北京外圍的山區。當車子終於停下來時，鮑彤下了車，穿過兩扇巨大的金屬門來到一個大廳，那裡已有三個人正等著他。

他問，「這是秦城嗎？」他指的是那個專門關押重大政治犯的監獄。

「是。」一名自稱是監獄長的男子回答他。「以後你的名字叫八九〇一。」第二名男子告知他。鮑彤藉此推斷他應是當年第一個被關進秦城的犯人。之後會陸陸續續有其他人進來，包含學生領袖張銘。

鮑彤被帶到一個小牢房，裡頭有一張桌子、一張凳子和一張由兩個鋸木架上平放一片木板而成的單人床。不過沒有門，只有一個開放的出入口，前方擺著一張桌子，兩名衛兵就在那裡二十四小時站崗。第三名男子坐在桌子前，負責每分鐘記錄一次囚犯八九〇一的動作：一點零一分：坐著；一點零二分：坐著；一點零三分：站起來。

到了牢房後，鮑彤躺在床上。他既不害怕也不緊張，反而異常地感到輕鬆。他逃避不了被逮捕的命運。一旦確定入獄，一直懸在心上的重擔就落地了。他一直等待的一切都成真。他的未來已經不是他所能掌控的，所以可以放下了。在這樣的想法中，他安然入睡。

當他醒來的時候，有人送來了晚餐——兩份素菜和兩片水果。這表示他被特殊對待，因為即使是重要的囚犯，其他人也只得到一片水果。當天半夜的時候，他聽到針對自己的調查已經開始了。不久之後，他開始用老方法進行司法請願。他先是寫信給中央政治局常務委員會，名義上他仍是政治局常委的秘書。他辯稱自己受到的拘留是非法的，因為沒有任何法律文件能證明他違反黨章、憲法和法典。文章的最後他寫道：「今天發生在我身上，明天就可能發生在別人身上。今天發生在一個人身上，明天就可以發生在許多人身上。因此我有責任向你們報告這個事情已經出現了。我請你們制止。」

他從未收到隻字回音。

那天傍晚，鮑彤的妻子接到一通電話。電話那頭說，因為現在的局勢相當混亂，為了安全起見，她的先生正被照管中。她接下來這段時間就不要指望他回家了。她知道他在共產黨手上，但不清楚他被關在哪裡，判以何種罪名。過了兩年多，家人才終於知道鮑彤的下落，再過了一年，黨才準備審判鮑彤。幾個小時之內，他的世界就完全天翻地覆。那一天早上起來的時候，他還是全國最重要的官員之一，到了晚上卻淪落為一個沒有權利、沒有前途，甚至連名字都沒有的階下囚。

會面

一名個子矮小的老人坐在一家麥當勞的角落，他正全神貫注地用米黃色的塑膠勺子攪拌著咖啡，旁邊是一排紅色、黃色、藍色的氣球。老人的灰色頭髮剪得很短，眼睛因患白內障而顯得混濁，幾次的生命憂患在他的臉龐留下深深的刻痕。這間麥當勞可以俯瞰昔日作為夜間鎮壓軍隊集結地的中國人民革命軍事博物館，也是鮑彤最喜愛的見面地點。[1]因為這裡離他的公寓很近，而且最讓他開心的是，咖啡可以免費續杯。乍看下，鮑彤和那些靠微薄津貼勉強度日的老年人沒兩樣。他不好意思地承認沒戴假牙就出門了，因為他覺得戴著很不舒服。然後鮑彤話鋒一轉接著提到，他曾經從羅斯福新政汲取靈感，為一九八七年第十三屆中國共產黨全國代表大會起草分離黨國的改革提案。頓時又讓人注意到，他是擁有豐富歷史經歷的一號人物。

在所有為一九八九年事件坐牢服刑的囚犯中，鮑彤是最高級別的政府官員。他已成為良知的象徵。自一九九四年從監獄獲釋以來，他的地位一直是模稜兩可。目前他算是過得很逍遙，卻又不自由，後面總是尾隨著一群沉默人士。當一名女警走過我們身邊，在附近一面鏡子前打理自己時，鮑彤瞥了一眼，然後搖頭，「不是這個，跟我的人當中有一個女的，但不是這個。」他朝一位飛快經過的男子點頭致意，這名男子身材敦實如鬥牛犬，黑白相間的連帽外套蒙住了他的頭。「他是他們的人。」

他對那些監視人員並不怎麼在意，不像其他大多數的異議分子在受訪時總是緊張地四處張望。

「他們一直都跟著我。他們就坐在附近，可能會錄音。我完全習慣了，如果他們沒跟著我，我反而覺得不習慣。」

入黨

鮑彤在一九四九年共產黨上台掌權的六周前入黨，當時他還是個十六歲的上海學生。他在國民黨的統治下長大，那時的共產黨還是非法組織，它的名字總是跟危險綁在一起。第一次聽到「共產黨人」這個詞是在他五歲的時候，他的家人低聲地談論著一個鄰居因其政治立場被帶走，再也沒有回來過。離鮑彤家不到幾百英尺的樓房，恰好是中國共產黨一九二一年召開第一次會議的地點。好多年來他都不曾發現這件事，因為共產黨一直都非常的神秘低調。那個具有歷史意義的聚會地點，今日已經變成一間小型博物館，坐落在販賣高級羊絨披肩和拿鐵咖啡的高級店鋪之間。而鮑彤老家則變成了精品店，專門銷售帶有中國特色的奢華絲綢服飾。這個高級購物區名叫「新天地」。

鮑彤接觸政治接觸得早，一位叔叔給他訂了一份政治性雜誌，從雜誌中他學習到民主和自由的概念。到了十三歲的時候，共產黨已經開始試圖吸收他成為黨員。共產黨素來偏好招收還很懵懵懂懂、具有可塑性的新人，他告訴我這番話的時候眼裡閃過一絲光芒。當時鮑彤拒絕了這項提議，因為他還想要完成學業。三年後，一九四九年，他收到了第二次的入黨邀請，這時距離上海落入共產黨之手只有幾周的時間。這一回他同意了。他的面試過程宛如一部間諜電影。他被命令早上七點的時候到上海某公園散步，胳膊下還要夾著一份《大公報》*。他必須要找一位同樣帶著《大公報》的聯絡人，這個

---

* 譯註：《大公報》一九〇二年於天津創刊，是中國發行時間最長的中文報紙之一。一九四九年後，改在香港出版發行，立場親中國共產黨。

人會來向他問時間。鮑彤要回答：「我沒戴手錶，但我想現在大概七點鐘左右。」這次的交流精準地按照計畫進行，當天結束後，十六歲的鮑彤就成了管理他高中一個共產黨地下組織的負責人。

六個禮拜後，共產黨接管了上海，這代表他的正規教育結束，黨政生涯開始。少年鮑彤的首要任務之一，就是去沒收那些被列為戰犯者的房子，其中包括逃往台灣的前總統蔣介石。總共有三十三間房子要被扣查，然後要移交給即將進駐的軍隊。在接下來的四十多年，鮑彤一直是黨裡面的人。

從改革到入獄

一九八〇年代末期，很盛行「改革」，而鮑彤就是改革計畫的核心人物。身為中共中央政治體制改革研究室的主任，要想辦法重新設計中國的政治結構，同時又要讓它維持在共產主義制度系統內。鮑彤的時任秘書吳國光形容這個任務是「戴著鎖鏈跳舞」。[2]政治體制改革研究室邀請了來自世界各地的專家，以政治改革為主題舉辦研討會，他們還檢視了黨、政府和立法機構在不同的政治制度中的作用。吳當時二十多歲，對於能和鮑彤一起共事感到相當興奮，他形容鮑彤「很有才華，思維敏捷，非常機智。讓我印象深刻的是，他並沒有被意識形態所束縛。」

政治改革和新的自由意識帶來了一波文化復興浪潮，並在一九八九年二月達到高峰，中國第一個前衛藝術展覽首次登上官方地盤——中國美術館。不過後來一位藝術家用手槍射擊了自己的作品後，這個展覽被暫時關閉了。令人不勝唏噓的是，這個展覽的主題是「不許掉頭」，其實表達了對政治改革的支持。（二〇〇九年，二十周年紀念展也被警方關閉了，這些年來幾乎沒什麼改變。）

這段政治自由化時期是由大家長鄧小平授權的，他曾明令「不改革政治體制，就不能保障經濟體制改革的成果。」[3] 鄧對改革提出的精簡機構概念，與趙的觀點卻並不怎麼契合，後者想要減少黨在經濟和社會事務中的作用。[4]* 因此，為了贏得鄧的支持，鮑彤必須小心行事。在接受記者米歇爾·科爾米耶（Michel Cormier）採訪時，鮑彤形容鄧小平變化莫測，「他像鐘擺一樣來回擺動。有時候他贊同改革，有時候他又主張四項基本原則[5]。他既是真誠的改革支持者，又是我們必須改革的事物的堅定守衛者。」[6] 一九八六年至一九八七年的學生運動受到抑制，改革派胡耀邦被免去總書記的職務後，保守陣營取得了勢頭，開始發起反對資產階級自由化的運動。

* 譯註：鄧小平所謂的精簡機構，其實是想要在維持共產黨地位的前提下，提高政府行政效率；趙紫陽則想要限制黨的力量，走民本主義，發展民主。參閱：吳偉：〈趙紫陽與鄧小平的兩條政改路線〉，紐約時報，2014.12.15 https://cn.nytimes.com/china/20141215/cc15wuwei41/zh-hant/（查閱時間：2018.11.19）。

自由派改革者和保守派陣營不僅在經濟策略上有巨大的分歧，在政治改革的必要性上也沒有共識。一九八九年四月，當學生們走上街頭時，兩陣營的緊張關係達到了一個新的高點。在如何處理學生問題上，趙傾向採取和解的方式對話；令人群情激憤的四二六社論發表的時候，他正在北韓進行國是訪問。[7]為了緩解緊張局勢，他後來去遊說修改社論。許多元老對趙的這個動作感到不可思議，他們擔心這會損害鄧小平的形象。鮑彤在描述政府高層的心態時，他形容當時派系之間劍拔弩張，瀰漫著彼此不信任的氛圍，任何有關這些問題的討論都變得不可能。那個時候，他已經和趙紫陽共事九年了，他們之間的默契超越了言語。鮑彤表示，他們從未討論過對學生運動要採取什麼立場。「那是不能談的事情，」他說，「他清楚，我清楚。這就夠了。」

從四月十五日胡耀邦逝世到五月底鮑彤入獄之前的這段時間，他參與了其中一些相當重要的時刻。他為他的領導趙紫陽擬的演講稿，為其倒台起了關鍵作用；黨後來指出，趙在五四周年紀念會上發表──由鮑彤所寫──的意見是一個轉折點。鮑彤在初稿中寫道：「中國不會出現動亂」，他的領導又在上面加了「大的」，變成「中國不會出現大的動亂」。這句話被用來對付趙，指控他在領導層內部製造「兩種聲音」。[8]

當趙紫陽決定在五月十七日寫辭職信時，他跑去找鮑彤。趙紫陽剛從中央政治局常務委員會回到家，情緒還很激動，他在會議上表達了他反對戒嚴令的看法。「我告訴自己，無論如何，我都拒絕成為動員軍隊打擊學生的總書記，」趙在他的秘密日記中寫道。[9]當時，除了鮑彤，房間裡只有另外一個人，總務室副主任張岳琦。「中央做了個決定，」鮑彤記得趙這麼告訴他們。「什麼決定我不能告訴你，因為要保密。但是我想，我執行不了這個決定。要我來執行這個決定呢，會耽誤事情的，所以我覺得我應該辭職。」鮑彤的反應是，確認趙紫陽是辭去中共黨書記的職務，還是中央軍事委員會的第一副主席。趙回答，兩個職位都辭掉。鮑彤擬了一張便條，趙提交了。隔天，他卻被說服撤回。

也是在那個時候，鮑彤和屬下開始為注定發生的悲劇做準備。趙告訴他，總理李鵬指控他洩露國家機密，這是所有指控中最嚴重的一項。不過，鮑彤從沒考慮過離開中國；無論是當時還是將來，這都不是他會贊同的選擇。那天，他請教了部門裡的一位律師和黨章專家。「我說：『你們把這個法律的問題，跟黨章的問題寫出幾條來，公民的人身自由啊，黨員的權利義務啊，寫出幾條來。如果受到審查，應該怎麼辦；如果有人用法律以外的東西，用非法的東西來對付你的話該怎麼辦。』」他們草擬了一份指南，詳細說明憲法及黨章中有哪些條款可以用來保護自己。他們將這份報告影印並分發給大約十二名工作人員。「我告訴他們——在十七號晚上——我說大概會受審查的，如果人家審查我的時候，你們不要衝動，要冷靜。」

說，這是一段自由的田園生活時光，他和祖父母住在一起，跟一群雞和狗在村子裡跑來跑去。鮑樸年紀還太小了，無法理解政治命令如何分裂了他的家庭。他的母親在國民黨統治時期曾是一名地下共產黨員，她被委以監視同學的任務，也被送去接受再教育。上級指派她到江西省，與她的家庭分隔兩地。

鮑彤自一九五四年起就在組織部工作。他的頂頭上司就是鄧小平。鮑彤的導師安子文把他訓練成一個人體電腦，有辦法記住三千名黨員的簡歷，然後還可以馬上將他們所有細節都背出來。這個記憶的超能力也許可以解釋，為何他還能生動地回憶一九八九年的事，儘管他兒子說他的記憶已經不復以往。

在菸葉農場，鮑彤的職責包括為三百人做飯，這些人全都是被送去再教育的人。他不准跟自己的家人住在一起，每周只能在星期天晚上六點鐘到八點鐘之間見一次面。每周見面的時候，他還要來來回回走到井邊取水，灌滿三個大桶子，這樣到下一次見面以前，他年邁的父母和年幼的孩子才有足夠的水喝、做飯和洗衣服。當他拿著水桶來來回回的時候，年幼的鮑樸會在他身旁跳來跳去，盡情享受這唯一能跟父親見面的機會。

對那些被指控反對毛主席的人來說，這是一段殘酷的時期。他們遭遇激烈的公開羞辱，有人甚至被逼得自殺。鮑彤注意到，那些否認自己犯罪或試圖為自己辯護的人受到的打擊要大得多，所以他盡量不給指控者太多攻擊的機會。「他們說的事情我都說，我做了。他說，『這個話你說了沒有？』我說，『我說了。』『這個文章你寫了沒有？』『我寫了。』『這個事情你反對了沒有？』『我反對了。』那有什麼好鬥的呢？」這段早期的鬥爭經歷以及堅守自己道德立場的信念，可能給了鮑彤勇氣，有辦法去面對屬於自己的後天安門時代生活。

新世紀出版社

打從學生在一九八九年四月開始悼念胡耀邦的那一刻起，鮑彤就有強烈預感，有事情要發生了。「他從事情一開始就知道這會是場悲劇，」鮑樸在香港一間咖啡廳喝下一杯特濃咖啡時告訴我。四十多歲的鮑樸長得整潔體面，瀏海鬆軟垂下，說話帶美國口音——這是他在美國十多年的讀書歲月留給他的遺贈。他在美國普林斯頓大學先是就讀資訊工程，後來攻讀公共管理。到了一九八九年，鮑彤與鄧小平打交道的經驗已經有三十五年了。鄧小平曾三次被毛主席打倒，又三次重新掌權，成為最終的政治倖存者。鮑彤深知，鄧小平是促使胡耀邦下台的主因，他肯定會把學生要求評價胡耀邦的呼聲視為對自己權力的挑戰。鮑彤也意識到，他的領導對學生的同情態度可能會被解讀為對鄧小平的不忠。

鮑彤警告當時二十二歲的大四學生鮑樸不要參與其中。兩年前，鮑樸就曾參與學生運動。這一次，他被明確告知——鑒於他父親的立場——他的參與可能會對更全面的政治力量產生負面影響。年輕的鮑樸心中充滿理想，並沒有聽從警告。滿腔熱血與好奇心拉著他每天往天安門廣場跑。「所有人都在那兒，」他憶起，「就像個大派對。」現在回想起來，他認為他的父親比任何人都更了解這個政權的本質。

而了解政權的本質也成了鮑樸的志業。他經營新世紀出版社，這個香港出版社已經成了北京的大麻煩。鮑樸形容他的使命是要填補中國歷史的「空白」。這個事業的萌芽與發展，都歸功於中國政府的審查制度，而他的使命感格外突出，很大的程度上也受到他父親處境的影響。「如何使用自由取決於你自己，」他告訴我。「有些人想賺錢，那是他們的自由。我要最大程度地使用自由。」為此，他出版了幾十本無法在中國出版的書，包括一本描寫暗殺中國國家主席的驚悚小說，一本早年輸給毛主席的挑戰者的回憶錄，還有一本最讓北京跳腳，是關於最近菁英政治鬥爭的內幕報導。

在鮑樸眼中，歷史並不在於事件的大範圍表象，而在於更細微的細節上。為此，他出版了多部回憶錄，以近乎考古的方式爬梳一九八九年六月四日之前發生的事，透過不同高層的眼睛，一層一層地回顧事件。當這些回憶錄出版的時候，勾勒出一系列不同的視角，各自為整體事件呈現出不同面貌，達到多元豐富的效果。

「歷史一直都是危險的，」鮑樸告訴我。他已經很擅長藉由出版前遭受的騷擾程度，來衡量他的每一本書對共產黨構成的威脅的嚴重性。儘管他的總部在香港，其自由受到「一國兩制」的保護，不過從他的經驗可知，過去這十七年來這個承諾被削減得多嚴重。當我問他，有多少書受到大陸方面的壓力時，他試著用手指算，但最終還是放棄了。

鮑樸最大的獨家新聞是在沒有受到中國恐嚇的情況下發布的，因為他設法將其保密到二〇〇九年發布的那一刻。這個大獨家就是趙紫陽死後出版的日記，根據這位前中共中央總書記被軟禁期間的秘密錄音整理而成。就連趙家的人也不知道，他一直用孫子孫女童謠的錄音帶來錄音，然後將一些錄音帶交給值得信賴的朋友保管。二〇〇五年趙紫陽過世後，一位朋友稍訊息請一位家族成員搜查一下房子。[12]不久後，他們找到了一堆錄音帶。然後鮑樸說服他們，讓他把這些素材編入這個死後才出版，關於領導層內部秘密鬥爭的書裡。這本書包含了趙紫陽寫給中央委員會的一封措辭激烈的信，他在信中稱自己受到的軟禁是「對社會主義法治的粗暴踐踏」，違反了黨章。[13]

鮑樸這一系列的出版物，揭露了天安門的鬼魂有多麼困擾著那些該為鎮壓負責的人。儘管官方對六四的立場從未動搖，那些曾經支持戒嚴的人現在卻都處心積慮想與那個決定保持距離。最近一個例子是前北京市長陳希同，外界普遍認為，他那份關於學生構成危險的危言聳聽報告[14]，是促使鄧小平實行戒嚴的原因。但在二〇一二年鮑樸出版的一本書中，陳希同試圖推卸責任，辯稱鄧小平並不是那麼容易被操縱的人，「鄧小平怎麼會被欺騙呢？說鄧小平受騙是低估了他。」[15]

在試圖逃避責任的言談中，陳希同將自己塑造成藏而不露的自由主義者，並稱鎮壓是「一場本可以避免，也本應該避免的令人遺憾的悲劇」。[16]陳希同後來因為貪汙被判刑坐牢十六年。有些人認為他是權力鬥爭的受害者。在這本書的對話中，他選擇將自己描繪成一九八九年政權的傀儡，顯然認為這樣比做一個決策者受到的攻擊要小。例如，他堅稱自己沒有參與編寫那份證明政府鎮壓正當性的長篇報告[17]。「中央讓我做報告，我不能不做，（對這份報告）我一個字也沒有參加討論，一個標點符號也沒有改，但是我承擔責任。」

就連有時被稱為「北京屠夫」的總理李鵬，也盡其所能地撇清責任。鮑彤曾想在二〇一〇年出版他的天安門秘密日記。日記中，李鵬試圖將這個決定的責任全然地推到鄧小平身上。他引用鄧小平的話說，「戒嚴步驟要穩妥，要盡量減少損傷，但是要準備流點血」[18]李鵬還聲稱，解放軍是出於自衛才開火，「持槍暴徒首先向軍隊開火，火燒軍車，惡毒的打、燒、殺傷戰士。」

鮑樸出版李鵬回憶錄的企圖，激怒了中國政府。在該書出版前，一群中國高層官員組團飛到香港，嘗試說服他放棄這個計畫。回到北京後，警方每天都打電話給他的父親，要求他影響兒子。有一段時間，香港黑手黨成員甚至參與其中，警告鮑樸說他踩在危險地帶。最終在出版前幾天，鮑樸取消了這本書的出版。當時，他告訴報紙，因為一些版權問題讓他別無選擇。但當我們談到此事時，他卻告訴我，取消出版的主因是日記已經在網路上洩漏了。從那之後，他很後悔沒有出版這本日記，因為網路版本沒有文本分析也沒有上下文脈絡，這意味著這本日記被嚴重輕忽了。「要非常非常仔細地讀，」他強力地要求我，「它非常重要。」對他的父親鮑彤而言，李鵬日記中有幾行文字，完全改變了他對二十五年前發生的事情的理解。「我看到《李鵬日記》才知道是怎麼回事，」他告訴我，「我大吃一驚。」

李鵬日記

鮑彤住在六樓一間一塵不染的寓所，位在一棟看起來很實用的灰色公寓大樓，外觀點綴著黃色綠色的細節裝飾。大廳擺了一張桌子。一名保安登記了我的名字，檢查記者證，然後才放我進去。鮑彤的公寓既明亮又具現代風，完全不像他那一代的官僚都喜歡那種鼓鼓囊囊的扶手椅和椅套。取而代之的是橘色斑點的明亮沙發，桌子上並排放著兩台大型電腦螢幕。電視機上方掛著一幅三代同堂的精美照片，照片上每個人都看起來喜氣洋洋，像在拍大學校友雜誌。唯一看得出跟他的過去有點相關的，是一張趙紫陽的照片，高高地支在一個書櫃上；這張是少數他在軟禁期間留下的照片之一。他穿著一件休閒的粗斜紋棉布襯衫，兩手插腰，臉上掛著燦爛的笑容，頂著一頭白髮。這張照片的旁邊則放著一個滴答作響的時鐘。

鮑彤儘管是個老人，裝扮卻出奇地新潮，喜歡穿耐吉的T恤和鱷魚鞋。一九八九年的時候，一位支持將他逮捕的革命元老，對他的穿衣風格也頗有微詞。根據《天安門文件》（*Tiananmen Papers*）＊一書，李先念指責鮑彤「純粹是資產階級的東西。五十多歲的人了還像年輕人一樣，喜歡趕時髦，在中南海還穿花花綠綠的夾克衫和牛仔褲，像什麼共產黨幹部？滿腦子的資產階級自由化思想。」[19]我跟鮑彤提及此事，他笑笑地說，這種回答只說明了李先念的膚淺。

我很好奇為什麼李鵬的日記會讓他如此震驚，所以我開始閱讀。令我印象深刻的是有兩個段落明確暗示，鄧小平甚至在學生運動勢頭增強以前，就一直在找機會想要將趙紫陽趕下台。日記中，鄧的橋牌之友丁關根（天安門母親張先玲的妹夫）向李鵬提到，一年前鄧小平曾和李先念就趙紫陽的「一些問題」進行了交談。「小平同志當時已看清楚，趙是搞自由化的人，盡早非下台不可，但由於影響太大，一時又找不到合適人選，所以下不了這個決心。今年一月份，小平同志同你講話，講了『格局不變』，就是還不要動趙紫陽的意思。」[20]第二段又提起了於另一個場合也出現過類似談話。[21]

在鮑彤看來，這些紀錄證明趙紫陽在一九八九年以前就已經是個關鍵人物。「學生絕食還是不絕食，來一萬個人還是十萬個人都不重要，重要的是趙紫陽支持學生，」鮑彤告訴我。他相信，鄧把學生當工具，藉機趕走他指定的接班人。「他必須找個理由。學生鬧得越凶，鄧小平就越有理由。如果學生都回去了，鄧小平就沒有理由了。」照鮑彤的推論，共產黨領導層與學生之間的緊張關係逐步升級，可能不是因為一個處於分裂狀態的政黨處理不當所致，而出於一種深思熟慮的策略。鮑彤認為，事件發生的時間證明了這個解讀。「鄧小平調軍隊來的時候，並不是學生最多的時候，」他指出，「學生大部分已經回去了他才調軍隊來。」

然而，卻很少人注意到其中有一句話透露出一些憂慮。四月二十三日，李鵬寫道，他擔心中國可能會陷入類似文化大革命的混亂。「但我對如何處理當前的混亂，也苦於沒有辦法。在這時，尚昆同志建議我主動找小平同志請示，他也一同去。」[22]這句話並沒有寫明兩人當天是否真的去找鄧小平。但如果真的見面了，這件事卻沒有出現在鄧的官方約見行程表中。鮑彤開始好奇那天是否真的有開會，而鄧在那個會議上是不是吩咐

---

* 譯註：《天安門文件》一書內容主要是中國政府內部關於六四天安門事件的檔案集結而成，但以英文編寫後在美國出版。之後再由明鏡出版中文版，名為《中國「六四」真相》。不過兩本書的內容有很大的差異，且皆引發質疑資料真偽的爭議。

了李鵬如何處理學生運動。如果這場秘密會議真的存在，代表整個決策過程可能完全跳過了黨，進而削弱了決策過程的正當性。

不過這一點都不重要。因為很快地，黨機關被無視了，鄧小平的資深支持者也開始參與決策過程。這七個星期所發生的事，其實是一場由老家長鄧小平策劃的政變。在這場政變中，他繞過國家機構，推翻了自己選擇的黨領導人。但其中最主要的爭議在於，後世如何看待歷史。鮑彤覺得歷史太仁慈了，人們只記得鄧是中國改革的建築師；他認為鄧在六四的角色，指出了一個更複雜的事實。「最重要的是中國人需要知道他是個獨裁者。」

螞蟻的希望

一九八九年六月四日，當太陽在北京市中心的戰區升起的時候，鮑彤人在監獄，對外面發生的事一無所知。然而，當他的《人民日報》遲遲沒有寄來時，他開始心生懷疑。在接下來的兩天，新聞報導都持續遭到封鎖，他心中的懷疑變得更加篤定。六月七日，他終於收到了一份報紙，這份報紙他越讀越害怕。「看到這個，我想的就是鄧小平開槍把共產黨打死了，」他告訴我。

從鮑彤的角度來看，六月四日晚上發生的事決定了現代中國的命運，它注定了後來中國所有的重大弊病，包括猖獗的腐敗、對政府的嚴重不信任、普遍的道德危機以及控制一切的安全機構。政府決定向自己的人民動用武力，這個決定傳達出一個明確的訊息，那就是暴力是可以接受的工具。如鮑彤所言，「既然上面可以這樣，下面為什麼不能這樣？因此在六四以後，儘管沒有大天安門，有多少個小天安門？每天都有多少小天安門？」與過去不同的是，現在發生的小天安門通常會被網路直播，不滿的受害者只需要一支智慧型手機就能在網路上傳送證據。二〇一二年，一名村民一直抵制某條新公路修建，他被輾碎的屍體照片在網路上瘋傳。據一位目擊者指稱，那位村民一直躺在壓路機前面，大喊著：「你有膽就把我壓了！」[23]照片中，村民的其中一隻手卡在壓路機的兩個前輪之間，而在車子的前方是他四溢的腦漿。在另一個側面照片中，他穿著薄棉鞋的腳在輪下清晰可見。同樣聳人聽聞的案件越來越多，關於官方無恥貪婪的報導更是火上加油，微博上瀰漫著一股末日氛圍。

儘管生活水平有所提高，然而由於民間對徵收土地、政府腐敗和種族問題的不滿日益高漲，社會動盪不安的局勢呈指數型增強。在中國，大型抗議活動被委婉名為「群體性事件」，其數量從一九九四年的一萬件，急遽上升到二〇一〇年的十八萬件，這還是有可靠數據的最後一年。[24]在大多數的情況下，比起實際使用暴力，更常使用的是武力的威脅。然而近年來，使用致命暴力驅散抗議活動的報導，變得越來越普遍。尤其北京當局正努力應對西北部維吾爾族地區日益增長的民族不滿情緒，還有西藏人將他們的絕望轉變成自我犧牲，為了對抗中國的控制，已經發生了超過一百多件的自焚事件。

早在一九八九年，由於當時西方政府對中國實施制裁，對抗議活動的暴力鎮壓起初造成經濟成長的崩潰。鄧小平對黨內部經濟步伐不同調的持續爭論感到心灰意冷，一九九二年，他再次無視自己的黨機構，進行了南巡，開啟了三十年的高速經濟增長期。今日，許多年輕的中國人將中國的繁榮歸功於當年的鎮壓。事實上，自一九八九年以來，可支配收入增長了十七倍。[25]然而這些收益並沒有得到平等的分配，城市居民的收入至少是農村居民的三倍。

一九八九年以前，雖然也存在著收入差距，但是農村收入的增長速度優於城市。此後，經濟模式發生了逆轉，差距擴大成了一個裂口。一九七八年到一九八八年之間，農村收入以每年超過百分之十的速度增長，超過了GDP的增長。[26]但從一九八九年到二〇〇二年間，這個數字放緩到每年僅百分之四，不到GDP增長的一半。

如果共產黨原本希望用錢打造城市的穩定，它也成功地使農村的不平等加劇，把中國農民變成了次等公民。遏制趙紫陽的政治改革也對農村造成了更大的衝擊，因為改革在農村走得最遠。八〇年代末在四川研究民營企業的美國人類學家葛希芝（Hill Gates）留意到，後天安門時代的鎮壓不僅僅關乎政治，也因為官方試圖重新掌握經濟，而增加了一系列的新稅收。她寫道，「在天安門事件之後發生的政治鎮壓，中國採取了低調但明顯有用的經濟抑制措施，目的是擾亂私人資本的積累和降低消費。」[27]

對鮑彤來說，實行經濟改革卻沒有同時進行政治改革，是很危險的做法。國有企業隨後在沒有適當的監督下被解散，造就了以太子黨為首的盜賊政府，侵占人民財產的總額，遠遠超過了引發一九八九年某些抗議活動的裙帶關係和謀取暴利的行為。「這叫『進步』，」鮑彤告訴我，話中充滿諷刺。「多好聽啊。實際上，是把老百姓的東西叫做國營企業，把國營企業交給當官的，又將當官的變成億萬富翁。」

歸功於一連串歷經千辛萬苦的新聞調查，革命先祖隱密的財富得以被統計出來攤在陽光下。美國彭博社進行的一項調查發現，現任國家主席習近平的親屬投資公司，總資產達三億七千六百萬美元，不過倒是沒有發現習或他的妻子有任何具體的不當行為。[28]在後續報導中，彭博社將重點聚焦在中國革命領導人「八老」*兒孫輩積斂的鉅額財富。調查發現，二〇〇一年光是其中的三個人——王震將軍的兒子王軍、鄧小平的女婿賀平、陳雲的兒子陳元——所領導的國營企業就有高達一萬六千億美元的資產，超過中

* 譯註：彭博社在二〇一二年刊出關於中共新貴家族的系列報導，原文稱八仙（Eight Immortals）。這八大家族的元老曾經跟隨毛澤東打天下，分別是：鄧小平、陳雲、楊尚昆、王震、薄一波、李先念、彭真和宋任窮。

國年度經濟產出的五分之一。[29]據報導稱，早在一九九〇年，其中一個大老王震將軍對他的兩個兒子強取豪奪的行為大失所望，就罵他們是「王八蛋」，並告訴一位來探病的訪客說：「我不承認他們是我的兒子。」[30]

《紐約時報》調查中國前總理溫家寶家族成員斂財的深入報導更是轟動一時，後來還獲得普立茲獎，卻也使得《紐約時報》在中國境內遭到封鎖。[31]這份報導追蹤了公司和監管紀錄，結果查出溫家寶的親屬控制了至少二十七億美元的資產。甚至連溫家寶現年九十歲、曾是一名普通教師的母親，五年前的身價竟高達了一億兩千萬美元。他弟弟有一家公司，曾從政府手中取得價值超過三千萬美元的合約，負責處理廢水和醫療廢棄物。而他的妻子則管理後來私有化的國營鑽石公司，建立自己的財富王國。

圍繞著溫家寶的謎團之一，是他在一九八九年的露面。當時他臉色蒼白、假裝不動聲色的樣子站在趙的旁邊陪同一起看望學生，這是趙紫陽最後一次公開現身。作為一個最終的平衡者，時任中共中央辦公廳主任的溫家寶，不僅成功度過這場政治危機，還繼續在黨內不斷步步高昇到總理的位子，讓人一度期望他會是一個默默推動改革的政治家。然而，在他的任期內，他都在口頭上表示有必要進行改革，但幾乎沒有什麼實質上的作為。鮑彤認為，像溫家寶這樣曾與他有共同理想的人，最終在經濟混戰中出賣了自己的靈魂。他斷言，「改革派加入是為了獲取改革的好處」，並表示，在目前的體制下，腐敗幾乎是意料之中。

「如果是我當官的話，我一定是腐敗的，」鮑彤有一次這麼告訴我。「別人會說『讓你兒子做國企董事長怎麼樣？』如果我拒絕，他們會說，『我兒子就可以，為什麼你兒子不行？』如果我還是說他做不了的話，他們就不會把我當成跟他們在同一條船上的人了，所以他們會把我推下船。」

鮑彤就像一個興奮地指出國王沒穿衣服的孩子那樣指出，從革命血脈中繼承而來的世襲特權，與共產黨最初強調平等的理想背道而馳。「父親是當官的，孩子也應該當官，」鮑彤說。「那算是什麼革命啊？那跟馬克思和無產階級有什麼關係？這是中國式的社會主義，是假的社會主義，比封建主義更封建。它就是要掌權，指導原則就是我需要保持自己的權勢，我需要有權勢，我需要腐敗。這才是中國體制。」

鮑彤為自由亞洲電台撰寫的評論也常出現這類尖銳的觀點。他仍被允許發表這樣的批評言論，這表明，只要不被視為煽動行為，反對意見是可以被容忍的。這也突顯了，中國共產黨在如何處理如此高調的異議人士的問題上進退兩難。鮑彤曾有一次不加思索地告訴我，讓一個年過八旬的人進監牢的好處之一，就是讓共產黨的真面目攤在外界面前。他的無畏源自於他的信念，卻也源自於罪惡感，因為他知道他曾參與一些黨的早期罪行。

在某次我們的訪談中，他的平靜動搖了。那時我們談到一九五八年到一九六一年的大饑荒，那段期間估計有三千六百萬人餓死。鮑彤承認他知道有人餓死了，但他不知道具體的數字。無論如何，他曾經是那樣全心全意地相信毛主席，無視飢荒發生，繼續保持對其的忠誠。一九六五年，他被貼上了「右派」的標籤。一九六六年十二月二十八日，當他的妻子生下他們的兒子時，鮑彤遭受批鬥，而後下放勞改六年。

如今，他很後悔在文化大革命期間喊出「毛主席萬歲！」不過他強調，直到被逐出共產黨的那一刻，他的思想才完全從黨的意識形態枷鎖中解放出來。

從很多方面來說，鮑彤仍凍結在歷史某個時間點上。「二十多年，他認為這是場持續的政治鬥爭，而他從未放棄。」鮑樸說。「而且他從那天開始到現在都生活在鬥爭中。」為了削弱共產黨對消息的控制，鮑樸出版了一系列的出版品，他似乎也在打同一場仗，不過是從另一個角度出擊。然而對鮑樸來說，他和他父親的區別可以概括為一個關鍵詞：希望。這位老革命家始終相信自己可以改變中國，而他的兒子則表示，他已經對體制內改革完全失去希望。

身為一個老態龍鍾、眼睛半盲的前共產黨員與前囚犯，至今仍在國家的監視下過著被嚴格限制的生活，他究竟是如何保持希望的呢？他的回答展現了他相信群眾力量可以推動變革的頑固信念。「我想每一個中國人都有能力改變中國。我不認為哪一個人的努力是白費心血。我認為我們即使是十三億隻螞蟻，每一隻螞蟻，它的力量發揮出來，它的合力對推動中國向前、向後還是停止是起作用的。」

最後見面

我最後一次見到鮑彤，是七月一個悶熱的早晨，在老地點麥當勞。當我走進去的時候，他已經站在櫃台，看上去比以往任何時候都還虛弱，米色短褲下露出的腿像樹枝一樣。他已經幫我們兩人點餐了。「我不知道你要熱的還是冷的，所以我買了一個熱的一個冷的，」他指著他的托盤微笑地解釋，托盤裡有兩杯咖啡和兩杯冰淇淋聖代。我們通常坐在後面的位置，現在被一個無家可歸的人占去了，他塑膠袋裡的東西散落在地上，所以我們另外選了一個角落的位子。

鮑彤看上去真的很蒼老，彷彿歲月一下子就追上了他。就在幾天前，他聽說兒子的簽證被拒絕了，這已經是那一年的第三次。卻未給予隻字交代。

「你最近怎麼樣啊？」我真心地問。

「很疲勞，」他回答，一點以往的生氣也沒有。

他的腿沒有力，精神萎靡。他歸咎於天氣太熱的緣故。早上起床的時候，只想再躺回床上去。他太累了，寫不出評論，也找不到繼續寫的意義。反正每個人都知道他在想什麼。他變得越來越安靜。我很好奇到底發生了什麼事讓他鬥志全失。

我們周圍其他桌坐滿了孩子，他們的父母正利用暑假的時間來給他們補習一些額外的課程。麥當勞是再適合不過的教室空間，只需要一杯飲料的價錢，還附贈空調。當他往後靠著椅背沉默無語時，只聽見隔壁桌一個孩子正在練習韓語，聲音起起落落。

然後鮑彤似乎又重新振作了起來。

「你一定知道我下一個評論是什麼，」他說，嘴角泛起一絲微笑。

我毫無頭緒。「是什麼？」我問。

「就是很失望。就是現在我看到的東西，所有的事情都讓我很失望。」

他又再次陷入了沉默。我開始有些後悔，在這麼熱的天氣裡把這位疲憊的老人從床上叫醒，然後還讓他在一家吵吵鬧鬧的速食店裡用餐。我提及一位著名的律師許志永，他被控以「聚眾擾亂社會秩序」的莫須有罪行遭到拘留。他真正犯的罪是要求官員們申報他們的資產，這似乎很符合政府想通過捉捕「老虎」和「蒼蠅」來打擊貪腐的既定目標。然而他卻被逮捕了，連同其他反貪腐活動人士，因涉嫌煽動顛覆國家政權而入獄。「領導的膽子越來越小了，」鮑彤非常平靜地說，「只怕天會掉下來。他們抓人並不說明他很強，而是說明他很怕。」

雖然官方的反貪腐運動已經拉下不少貪腐高官，包括那位擁有十八個情婦和三百七十四套公寓的鐵路部長劉志軍，但鮑彤認為，如果沒有進行必要的政治改革，它注定會失敗。「打死一千隻蒼蠅、一萬隻老虎，如果這個制度不變，這個制度還會生出一千萬隻蒼蠅、一百萬隻老虎來。所以叫制度性腐敗。」

不僅要求公布資產的呼聲變得危險，光是建議共產黨應該尊重國家憲法也成了可疑的活動。黨發行的刊物上開始有文章指出，憲政的概念只適用於資產階級的資本主義，而且是企圖推翻社會主義的陰謀。將西方價值觀視為威脅的想法變得非常盛行，甚至二○一三年四月開始有許多黨員收到一份暱稱為「七個不要講」*的文件。這七個禁忌話題包含禁止談論「普世價值」、公民社會、司法獨立和對共產黨歷史錯誤的批評。甚至試圖參加日內瓦聯合國人權機制（United Nations' human rights mechanisms）培訓課程的活動人士也被禁止出國，其中一名活動人士在機場被拘留後失蹤。

當我們談到近期這些發展時，鮑彤的聲音提高了，似乎又被激起了鬥志。慢慢地，當他表現出憤怒時，又變回原來的樣子了。說到激動處，他小心地噘起嘴，肩膀因為大笑而輕輕抖動。他眼裡閃著光，這絲閃光不全是來自他的白內障。這位老人曾經有過不

* 譯註：一、普世價值不要講；二、新聞自由不要講；三、公民社會不要講；四、公民權利不要講；五、中國共產黨的歷史錯誤不要講；六、權貴資產階級不要講；七、司法獨立不要講。

同的生活，曾經握有權力也曾經落馬，曾在政府核心工作也曾進了牢獄，現在過著奇怪的退休生活，沒有完全的自由，也沒有完全被監禁。

他說，今日發生的一切都只是表面。「你看到過死人吧？死人美容以後，非常漂亮，比活的還漂亮。」

中國的航空母艦、高速鐵路、太空衛星備受吹捧——但這些都是為了要讓中國保持經濟高速增長的表面工夫。他痛苦地說，政府自己的統計數據其實並不重要，因為它們都是偽造的。重要的是要安撫民眾，確保他們對領導人保持信心，這樣他們就可以繼續花錢而不會出問題。這是一種犬儒的策略，要利用龐大的有名無實的計畫，掩蓋內部腐敗。

「年年開個世博會啊、園博會、奧運會啊，放煙火，把煙火放到天上，去變成衛星，變成飛船，全部都看見。呼！上去了！GDP就上去了！」

這同時助長了鮑彤所謂的「政府戰略的第二頭馬車」：民族主義開始轉變為軍國主義。選一座島，任何一座都可以，對其施壓但不要開戰，因為你根本不會贏。不過，利用帝國主義正努力阻止中國變成世界第一的觀點來建構的民族主義，將有助於增強凝聚力，分散民眾的注意力，不去關注更迫切的社會問題。中國日益增強的國際實力是一種進步，但對鮑彤來說，它讓人想起了歷史上總是很短暫的強人帝國統治時期，特徵都是殘酷與控制。

「秦始皇的時候國家很好，成吉思汗的時候國家很好，老百姓好在什麼地方？所以國家好，人民可以好，也可以不好。」

午餐時間，人潮開始湧入麥當勞。我看得出鮑彤很想在回家路上抽根飯前菸，他的監視人員一樣繼續尾隨在身後。在我準備要離開的時候，他請隔壁桌的韓國老師幫我們拍照，我們在學生的桌子前有些尷尬地擺著姿勢。臨別前，我問了他最後一個問題：他是否仍然認為，他有辦法在有生之年看到六四事件得到平反。我在好幾個月前第一次訪問他時也問過同一個問題。「我希望。」他回答。「但是我想上帝不可能實現每一個人的願望，因為太多了，上帝不可能都處理。」

我對他的回答感到訝異。「你信上帝？」我問。「我相信我自己，」他說，矇矓的雙眼定定地看著我。「我相信我還有良心。我的良心就是上帝。」

第八章

成都

「成都人並沒有被北京的大屠殺給嚇退，反而被激怒。然而，由於缺乏獨立的媒體來放大他們的聲量，使得他們短暫的怒吼之聲在空氣中消散。儘管成都市發生了一些最令人震驚的暴行，但目擊證人卻沒有跟任何人提起。」

——林慕蓮

在中國的西南部，毛主席依舊照看著成都的天府廣場。他那高高舉起的白色大理石手臂，既像威嚴的統治者給人民打招呼，又像是當地人的玩笑，說是在打麻將的時候時賭五塊錢。他一直守望的地方，原本是一座古代皇城，後來在文化大革命中被紅衛兵夷為平地。當時全能的毛主席主宰了整個城市。但如今，這個昨日偉大的舵手越來越像一個沒什麼用的交通警察，任憑BMW及奧迪的豪華汽車不時地經過他的腳下。順著他的視線看過去，是一家LV精品店，對面則是一家新開幕的古馳專賣店。每到傍晚，成群的中國遊客就聚集在廣場拍攝噴水池表演，螺旋的水柱噴向高空，弧度跟著刺耳的配樂搖擺起舞。

成都的毛澤東雕像無聲地見證了一九八九年一個不為人知的悲慘故事。在外國人的鏡頭沒有照到的地方，數以萬計的人曾在這些街道上遊行，在毛主席的腳下紮營，自己發起小規模的絕食抗議。當天安門廣場的學生被強行清場時，雖然成都天府廣場相當和平，但也遭受同樣的下場。然而，清場之後的事，直到今日還未曾被完整講述過。我設法從蒐集來的回憶碎片、解密的美國外交電報、日記、當時匆忙記下的報導、那時候拍下的照片，與事件後立即公布的官方報告中，將成都發生的事件拼湊出個所以然來。我與曾經涉入其中的當地人交談，並找出許多當時在成都見證暴行的外國人，像是專業人員、遊客、英語老師或學生。

這條追尋之路，把我帶往阿爾卑斯山草原上一間四百年歷史的瑞士小屋，在鏗鏗鏘鏘的牛鈴聲中，與一位退休的美國外交官交談。它也曾將我帶往密西根的安娜堡（Ann Arbor），在那裡我請教了一位年輕的研究生，他曾為了研究成都的學生運動，辛苦地挖掘當地政府的檔案資料。我還透過電子郵件、微博以及Skype，聯絡到那些曾經到過成都的人。我在自己聽到的版本與國家發布的版本之間的巨大鴻溝中來回穿梭，試圖找出事件真相。最後，線索又帶我回到了成都。

天府廣場暴動與人民商場縱火案

每到了夜晚，整個成都市就沉浸在路邊小吃攤飄散出來的美食香氣裡。嗆辣刺眼的紅辣椒與四川花椒令人垂涎三尺，小小的棕色花椒粒刺得你雙脣發麻，舌頭失去味覺。這就是四川的味道：麻辣。四川人在性情上也一樣麻辣，他們很快就被激怒，並強烈反彈中央政府。

胡耀邦逝世後，成都的抗議活動與北京遙遙相應，只不過時間上晚了一些。天府廣場的第一場悼念活動是在胡耀邦過世後兩天舉行，並在五天後變成一場大規模的示威。[1]到了四月二十一、二十二日，這裡已經出現了多場大型示威遊行以及少數的逮捕行動，但成都的罷課與絕食活動卻要到五月十五日，北京的學生已經開始絕食的幾天之後才開始。那時成都多所大學都上演著抗議活動，入夜之後特別強烈。合唱的歌聲在校園四處飄揚，排成一列的學生喊著口號穿過廣場，唱著《國際歌》聚集在教師公寓門前。

不過他們的訴求有別於北京的學生。「我印象中最重要的一件事就是，它從來不是為支持民主而抗議的。」金鵬程（Paul Goldin）說。這位賓州大學的中國思想教授，昔日是在四川大學學習中文的美國學生。從他的角度來看，學生的主要目的是要讓體制從裡到外變得更純粹，他們並不想推翻共產黨，反而希望黨能遵守自己做出的承諾。「原本是反腐敗的抗議」，他說，而且這個主軸一直持續到最後一刻。「之後很久，所有人都知道北京建了一座民主女神像之後，那時候，人們才開始使用自由、民主這種詞。」

當時的美國駐成都總領事魏然（Jan de Wilde）也持相同的看法。「我覺得他們並不知道自由和民主在中國或其他國家真正的意義是什麼。他們基本上還是在一黨制的體系內（運行）。」他遇過的中共官員都對學生甚感同情，部分是因為改革派領導人趙紫陽在當地很受推崇，趙紫陽在擔任四川省黨書記的時候率先推動了開創性的經濟改革。

五月十六日的清晨是成都抗議行動的轉捩點。[2]當時超過千名的警察與大約兩百名學生扭打成一團，警察在清場過程動用棍棒和皮帶毆打學生。研究現代中國歷史上社會衝突的美國博士生裘蒂・魏曼・凱利（Judy Wyman Kelly）認為，那晚的暴力清場刺激了這場運動，甚至讓大學當局的態度轉為支持。原本學校都鎖上校門，不讓學生參與示威。魏曼・凱利起初對學生抱持懷疑，認為他們的支持基礎太狹隘。但她注意到警察對學生的殘暴行為激起了群眾的同情。她在一封家書上寫道：「所有學生都在罷課，教授們走出教室和他們站在一起，就連工人、報社以及黨員們也支持他們。不管是這裡還是美國，我從沒見過這麼受歡迎的動員。幾乎所有人都很支持這些學生，而且，幾乎所有人都對他們的領導高層毫無信心。」

隨著抗議活動的開展，人們感受到一股樂觀與希望，相信群眾的力量可以帶來改變。就連官方一九九〇年的《成都年鑑》*關於動亂的記載裡，也提到了群眾情緒的轉變，並指出有近幾十萬人在警方行動之後走上街頭，還有多達一千七百名的學生參加絕食抗議。[3]

成都變成了遊行參與者的聚集點，他們從四面八方的其他地區蜂擁而入，甚至有遠至西部的阿壩藏族羌族自治州的代表團來參加抗爭。學生們在牆上張貼的海報中寫滿了他們的希望與渴望，像是「不自由，毋寧死！」抗議在當時成了家常便飯，在某些圈子

---

* 譯註：整本《成都年鑑・1990》可線上閱覽：http://www.chengduyearbook.com/uploadfile/cd1990/mobile/index.html#p=1（查閱時間：2018.12.13）

裡，連日常的問候「吃飯了沒？」都會半開玩笑地變成了「你抗議了沒？」[4]

一九八九年四川省的黨委書記楊汝岱曾經是趙紫陽的子弟，受過他兩次提拔。楊在動亂之後未曾表達任何意見，直到二〇一〇年才打破禁忌首度談論趙紫陽，在大陸媒體上表達他真誠的同情。他在全國最敢直言的雜誌《炎黃春秋》上，寫了一篇文章讚揚趙的農業改革。[5]抗議期間，四川政府甚至象徵性地拍了電報，將學生的訴求上達給國務院和黨中央，委婉表達了對學生的同情。[6]五月十八日，官員與學生會面談話，並訪視了絕食的抗議者。黨委副書記顧金池對學生說：「我們清楚知道你們的絕食運動是為了支持北京學生，也了解你們反貪腐、推動民主與法制化，以及深化改革的愛國情操。」[7]

在北京實施戒嚴之後，成都的抗議活動逐漸削弱。絕食抗議喊停，當地居民對於繼續在毛主席雕像下靜坐的少數學生也漸漸失去了興趣。到了六月初，還在抗議的民眾寥寥無幾，鎮壓似乎變得越來越沒有必要。局勢看不出有惡化的跡象，美國駐成都總領事魏然甚至要按原定計畫離開成都，參加騎犛牛的旅行，卻在最後一刻突然取消。

六月四日早上，北京天安門廣場清場完畢之後，警方接到命令要去驅逐成都天府廣場的抗議者。事實上大部分的人已經自願離開了，只剩下大約三百名的學生還留著。據官方說法，在一個半小時的平和驅趕行動中，又有五十一名學生離開。[8]但在幾個小時之內，充滿雜音的英國廣播國際頻道（BBC World Service）以及美國之音卻傳來了北京的殺戮消息，於是數千名憤怒的市民又再度回到了成都街頭。

這次的群眾運動展現出堅定的團結與無畏的勇氣，街頭的抗議者清楚知道軍隊在北京向手無寸鐵的民眾開火。數千人在成都的主要道路上遊行，他們舉著哀悼的花環和標語，上頭寫著「我們不怕死」、「六四屠殺，七千人死傷」、「打倒獨裁政府！」[9]當第一波的示威民眾遊行到武警部隊面前時，局勢變得一觸即發。群眾的攻勢被警方擋了回來，武警開始用警棍毆打示威者。[10]現場登時爆發為全面戰鬥，抗議者用鞋子、磚頭、人行道上的碎片，以及任何他們能夠取得的東西回擊武警部隊。

直到一些學生頭上綁著被染紅的毛巾，臉上鮮血直流，蹣跚地穿過校門口時，人們才開始發現大事不妙。在成都科技大學任教的美國夫婦丹尼斯．瑞（Dennis Rea）及安妮．喬納（Anne Joiner）決心要親眼見證現場狀況，他們夥同美國友人金．奈嘉德（Kim Nygaard）及另一位來自西方的朋友，騎上腳踏車一起前往衝突現場。

他們從一群抓著石頭、瓶子與鑿子的示威者身邊經過。越往毛澤東雕像那區去，情況越是混亂，催淚瓦斯辛辣的臭氣在街上翻騰，手榴彈的爆炸聲震耳欲聾。數千名圍觀者堵住了道路，但每隔幾分鐘，一聲新的爆炸就讓他們驚慌失措地往後撤退。這四名外國人繼續挺進，直到他們開始擔心自己的安危。[11]

瑞這麼告訴我：「當時一度不能再往前走，除非你真的想要捲進去，被打破頭。」接著，他們瞥見一個正在治療傷患的小診所。抗議群眾手拉著手，在人海中圍出了一條通道，讓前線的傷亡人員得以被護送到診所。瑞回憶道：「我們看到他們被人架在肩膀上，靠在自行車和三輪車上，我們看到了好多血。」

在這二十分鐘內，瑞不斷看見受傷的人被送來治療。帶著相機的奈嘉德則跟著喬納一起受邀進入醫院內。她的鏡頭拍下了那一天的恐怖氣氛。當救護人員緊繃著臉從廂型車上抬出一名傷患，公園長椅上卻還躺著另一名受傷男子，雙腿沾滿了鮮血。診所內長椅上的受傷民眾，頭上裹著白色的繃帶，顯然是武裝部隊針對頭部毆打的證據；在最令人鼻酸的一張照片裡，一個男子摀著滿是鮮血的頭，淚流滿面雙眼大睜，眼裡淨是恐懼、震驚及不敢置信，白襯衫的領子與肩膀全被頭部傷口的血染成了紅色。在醫院裡走著的兩人，看見成排的傷患躺在地板上，懇求著她們：「告訴全世界！告訴全世界！」

然而，成都人並沒有被政府撐腰的暴力鎮壓給嚇唬住，相反地，他們被激怒，變得更加義憤填膺。丹尼斯．瑞在他的回憶錄《生活在紫禁城》（*Live at the Forbidden City*）中描述，他看到一群人發現了一個沒怎麼偽裝的警察。「憤怒的群眾立刻揪出了他，像成群的老鷹一般撲向他，在我們眼前殘忍地將他踩死。這種嚴厲的私刑讓我深深震撼，它血淋淋地顯示了人民對警察有多麼反感。」[12] 儘管如此，瑞和喬納並沒有覺得這群對著他們大聲歡呼的群眾有任何威脅。真正讓這對夫婦感到震驚的是他們目睹的大量傷亡人數，包括一位不幸的水果攤販，他的頭被劈開，只因為他在錯誤的時間把車停在錯誤的地點。到了六月四日下午，警方開始向群眾投擲催淚瓦斯。一名曾在廣場附近被捲入衝突的中國老百姓告訴我，他聽到廣場附近人民南路上的警察局向群眾開火。

我的研究出現重大進展，要歸功於一份二十七頁報告，某天它突然出現在我家門前的台階上。這份報告是用潦草的中文手寫而成，題為〈成都六四慘案調查〉。這份非比尋常的文件出自一位老黨員之手，他委託一位朋友將其偷渡出國；那位朋友再想辦法轉交給我，並要求身分保密。這位共產黨員被街上的暴力衝突嚇壞了，偷偷跑到醫院去蒐集警察暴行的第一手資料。他小心翼翼地記述了三十五名受害者的狀況，大部分都有名有姓。報告提及，至少有一名學生在醫院死亡，還有六人被開槍射傷。[13]

大多數的傷亡者都遭到暴打，例如一名潘姓學生被打到腦震盪、全身水腫和多處軟骨損傷。潘在病床上，氣若游絲地描述了他被警察打傷的經過，「當他們抓住我時，我已經倒在地上了。他們在我的手臂上用腳猛踢，我的雙臂被踩得又腫又爛。然後他們把我拖了幾十米遠，交給了後排的警察。他們對著我又是一陣毒打，又把我拖至一邊的草地上，用腳踢我的肚子，用拳頭擊我的臉部。我昏了過去。」當他甦醒過來時，又被人用電擊棒痛毆，直到他聽到一名警醫說：「他的瞳孔已經放大，再打恐怕就沒命了。」

作者又講述了另一位學生劉毅生（音譯）的情況。他的「牙齒被打得一顆不剩，嘴唇腫得向外翻著，整個臉部已徹底變形。他昏迷不醒」。他還描述了警察隨機對旁邊圍觀者施暴的經過，例如一對兄弟從公共廁所回家的路上被打得不省人事。作者在結尾寫道：「六四血案發生了，它深深地震撼了人們的心靈。這一天有多少人在哭泣，有多少怒吼，有多少人在流血。這一天，在北京，在成都，在全中國，究竟有多少人失去了兒子和女兒，有多少人失去了父親和母親，有多少人失去了妻子和丈夫，有多少人失去了兄弟和姐妹？蒼天有眼，大地有靈，你能回答嗎？」

成都的地形讓數以千計的老百姓將街上的戰鬥，以及隨後造成的傷亡情況看得清清楚楚。政府當局也沒打算遮掩發生的事，相反地，他們倉促地印刷《成都騷亂事件始末》，試圖藉由發布官方版本來淹沒公共輿論。僅僅一個月後，第一版的印刷量就衝到了七十萬冊。[14]根據這本平裝書的說法，這場成都的暴力衝突共造成了八人死亡，其中兩名是學生。書中寫道，有一千八百人就醫，其中一千一百名是警察，不過大多數人只是輕傷；三百五十三人入院接受治療，其中警察兩百三十一人、學生六十九人、其餘民眾五十三人。[15]不過維基解密公布的一份美國國務院電報顯示，實際死亡人數可能更高。該網站引述醫護人員的說法，僅一家醫院就有七人死亡。[16]而四川大學一名長官透露，已證實有九名學生死亡，還有更多學生失蹤。美國領事官員告訴《紐約時報》，至少有一百人受重傷被抬出廣場。[17]其中一份美國外交電報提到，截至六月六日，已有三百人死亡。最近公布的一份來自北京的英國外交電報也提到了相同的估計數值。然而，有些人認為這個數字可能是誤將死亡和受傷人數混為一談。另一份英國外交電報則提及了一家新聞通訊社的報導，稱成都自六月六日以來又有一百人死亡。然而這些數據至今未得到證實。

到了六月四日傍晚，一群憤怒的群眾放火焚燒任何屬於公家的物品，包含公共汽車和警車。群眾向廣場附近一個毆打拘留者的警察局投擲石塊、磁磚和汽油瓶，最後還引爆火勢。大火蔓延到早被洗劫一空的「人民商場」——一個占據了整個城市街區的國有市場。據官方報導，剛過午夜，一個流動消防指揮單位和三輛消防車到現場支援，卻被群眾擋住了去路，還被他們放火攻擊。[18]到了凌晨，市場已經化為灰燼，附近一家電影院也遭遇同樣下場。

人民商場的大火令金鵬程感到不解，他告訴我，「我跟很多學生都經常有聯繫，沒有一個人說過要燒人民商場。好像跟他們計畫和設想要做的事不一致。」有消息流傳，政府利用一些奸細挑撥離間，例如把罪犯從監獄放出去縱火，藉此敗壞學生運動的聲譽，並為鎮壓行動提供藉口。還有傳言說，有些攤販提前知道了這個計畫，設法先行搬移了他們的貨品。弔詭的是，政府自己的宣傳照片就證實了這個說法。在《成都騷亂事件始末》中，有一張照片顯示，一整排的警察正幫忙商店老闆將成箱的存貨搬下大樓的台階，搭配文字說明寫著：「武警戰士協助商店轉運物資，避免歹徒焚燒。」[19]照片的場景看起來完美有序，絲毫沒有不安的氛圍，也沒有任何火勢正在逼近的跡象，例如有煙霧或火焰等。甚至照片拍攝地點是不是在人民商場也不清楚。

就連現已退休的前美國總領事魏然也聽說過人為蓄意縱火的傳言。魏然是一個溫文儒雅的人，熟習中文和歷史。當我們在他的瑞士小屋見面時，他明確表示，他對成都的記憶很模糊，記得的主要是他的領事職責部分，例如庇護美國公民和組織遣返事宜。不過他記得，似乎有很多人認為火災是蓄意縱火。

「可信嗎？」我問他。

「我不能斷言，不，」他小心翼翼地回答，「我準備好相信任何可能的情況：可能是犯人縱火，可能是示威的人，也可能是政府放的火。我真的不知道。」

據《四川日報》編委估計，此次商城火災造成的損失達一億人民幣。[20]不過外界廣泛認為，這個金鵬程口中的「糟糕的老古董」遲早會被拆除。但無論如何，這場商城大火對政府當局來說都是一場宣傳戲碼。刑事損害成了鎮壓學生運動的重要理由。從《成都騷亂事件始末》這本書可看出，國家如何迅速地編出一種新的故事去質疑學生的動機。這份資料將示威者妖魔化成「流氓」或「歹徒」。它寫道，「歹徒的罪惡行徑暴露了他們真實的面目。以人民商場被燒為轉折點，成都街頭的輿論開始從一邊倒轉為對歹徒們行為感到疑問。看到商場廢墟的市民們嚇得目瞪口呆：『喲！說是搞民主自由，咋個與這麼燒房子搶東西？！』」[21]

錦江賓館慘案

六月五日早上，成都的市民一覺醒來看到了不可思議的景象。街上有很多焦黑冒煙的公車，現場出奇地安靜。而且唯獨國家的財產遭遇攻擊，政府大樓的每一塊玻璃都被打碎，而旁邊的私人企業則毫髮無傷。現場沒有警察出現。就連交通號誌也停擺了，就好像政府一夕之間突然從公共生活中完全消失一樣。當太陽升起之後，街道上擠滿了人，一開始是好奇的路人在拍攝殘骸的照片，然後漸漸地聚集了越來越多的抗議者。

政府當局好像完全失去了掌控能力。一份解密的美國電報指出，武警部隊的人數遠遠不及民眾人數，他們為確保自己的安全，被迫撤退到市政府大樓。[22]每一次武裝部隊試圖出擊的時候，都因驚人的群眾數量而迅速撤退，最多只能偶爾向人群投擲幾顆煙霧彈。

六月五日晚上，通往毛澤東雕像的人民路上再次擠滿了抗議群眾。晚上九點左右，金・奈嘉德和人群在一起。正當她與其他歐洲旅客在交換這幾天各自經歷的故事時，他們聽到一聲爆炸聲，奈嘉德認為是槍聲。「人們開始尖叫，開始跑動。那條路上所有人都開始朝遠離毛澤東雕像的方向跑，當然我們也開始跑。」她回憶道。他們跑回自己下榻的飯店——錦江賓館，那裡也是美國領事館的所在地。但不久之後，飯店的保安就關閉了大門，將尋求避難的人群拒之門外。奈嘉德憂心如焚，擔心外面的人會被逼進的武警部隊殺害。她拜託保安讓更多人進來，但保安拒絕了，並命令她回自己的房間。她從走廊的窗戶觀察情勢，發現恐慌的群眾變得越來越具攻擊性。頃刻間，群眾開始猛烈敲擊飯店的大門。她聽到樓下大廳玻璃破碎的聲音，她害怕飯店可能會被燒為平地，於是決定向美國駐成都總領事尋求庇護。魏然的辦公區就在飯店後面。

她發現那裡已經聚集了十五名西方人，他們用家具堵住門，並在浴缸裡注滿了水。外面傳來一陣嘈雜的噪音，被困住的外國人爬到陽台上看看外頭發生的事。同時屋內庫特·懷爾（Kurt Weill）《三便士歌劇》（*The Threepenny Opera*）的音樂震耳欲聾，讓奈嘉德覺得自己彷彿置身於奧利佛·史東的電影中，有種超現實的感覺。她聽到魏然告訴駐北京大使館，成都領事館被包圍了。魏然在電話裡說：「這裡任何地方都看不到警察的影子。」在一份解密的國務院電報中也提及這通電話。[23] 美國外交官還報告，許多工人舉行了罷工，而且暴動造成的死亡人數還在持續攀升中。

對魏然來說，庇護外國同胞的行為也曾在中國歷史上發生過，這讓人想起了一九〇〇年北京的「八國聯軍之役」。當年北京爆發一場名為「義和團」的反洋人、反基督教運動，叛亂分子將九百名外國人士和兩千多名中國基督徒圍困在北京使館區*，時間長達五十五天。他對我說：「我當時想像使館區被包圍，我們吃驢肉、喝香檳——除了我們既沒有驢肉也沒有香檳，也許有幾瓶香檳。」最終，他只是庇護了其他外籍人士幾個小時的時間，在判斷情況還算安全之後，就讓他們回自己的房間去了。

事實上，無論是外籍人士抑或美國領事館，都不是襲擊飯店的人的目標。翌日，魏然在電報上說，有傳言稱當晚還會有更多攻擊發生，他說，「同樣的，這些攻擊事件似乎跟領事館本身無關，也不是對外國人有不滿情緒，但與這些飯店儲存的進口香菸、啤酒和白酒有關。」[24]傳言的攻擊行動並未如期發生。但其他外籍人士認為，許多中國年輕人面臨了嚴重通膨和經濟困難的問題，這也許可以解釋為什麼他們把這些東西當作目標。說到底，這些官員拿來招待親信的時髦國營飯店，就是腐敗和日益加劇的不平等的象徵，而這正是北京和成都抗議活動的引爆點。

與此同時，在飯店的另一邊，抵達的武警部隊以殘酷的方式恢復了秩序，他們在飯

---

* 譯註：北京使館區又稱「東交民巷」，取名自北京東城區的一條胡同的名字。一八六一年至一九五九年，這裡是許多外國使館的所在地。

店院子裡圍捕了數十名抗議人士。一名西方遊客在電子郵件上描述了她從五樓陽台上看到的情況。這名女士因為還要跟中國打交道，所以要求匿名。她看到了大約二十五個人跪在院子裡，頭朝下，雙手綁在背後。他們先是被推倒在地，然後衛兵圍著他們走來走去將近一個多小時。最後，指令下來了。這時「穿黑褲子白襯衫的人上來用鐵棍把那些人的腦袋敲碎」。景象慘絕人寰，她嚇得在浴室嘔吐。幾天後，她逃離了中國。後來她告訴一家北歐的報紙，「他們一個人一個人地殺，那些還活著的人不斷哀求他們給一條生路。」

那些躲在魏然辦公區的人，全然不知飯店另一頭發生的事。不過在魏然宣布當局已控制住情勢之後，一些人在回自己房間的途中仍瞥見了慘案的部分場景。目擊者包含一名原先在上海學中文的年輕澳洲人珍・布里克（Jean Brick），她剛好在那天抵達成都，因為她非常想了解在成都發生的事。當天早些時候，她從火車站走到飯店的路上遇到一群當地人，他們氣沖沖地說，前一天有四十人到七十人被打死，其中包括那名被盛怒的群眾踩死的警察。

從魏然那裡返回自己的房間時，布里克目擊到一群囚犯的處境，這群人被關在大門旁邊的一間小警衛室裡。她在給國際特赦組織的證詞中描述了事情的經過，「抗議的人一個一個被拖出警衛室。士兵們圍成一個圈，人挨人。圈子中間有幾個士兵用棍棒打那些抗議的人。打完之後，那些人被抬或拖回警衛室。完全無法判斷那些人是否還活著。」[25]即使過了二十五年，每當她憶起那些場景時，那些場景一直都以黑白的形式呈現，所有的顏色都被過濾掉了。「我當時心理受到了非常嚴重的創傷，」她告訴我，「它就像一部黑白電影在我腦中，沒有色彩，讓我稍微好受一點兒。」

她還記得有看到警察躲在路旁的灌木叢或梧桐樹後面，然後突然跳出來抓住不知情的路人，這些路人遭到毆打，隨後被帶回警衛室。清晨的時候，她看著武警把他們毆打的那些人拖出警衛室。「沒有一個能走路的，全都沒有知覺，」布里克告訴國際特赦組織。「我不知道有多少被捕被打的，因為我沒有一直在看，而且我當時也很害怕。」

當金・奈嘉德從領事處回到她的房間時，她從窗外看到一個奇怪的景象。在昏黃的燈光下，一堆堆沙袋疊放在飯店的院子裡。她還在納悶那些沙袋是做什麼用途時，突然注意到有一個沙袋在動。她不寒而慄地意識到，沙袋裡裝的其實是躺在地上的人，他們手被綑綁在身後。她僵在原地，看著武警將其中一名囚犯的手臂捆在背後。「我記得非常清楚，因為當時我在想，『天吶，他們那樣做會把那些人的胳膊弄斷的！』很明顯那完全是蓄意把人弄殘的。」她告訴我，「現在想起來還非常痛苦，非常非常難受。你知道可怕的事情正在發生而你卻在旁觀。當時我唯一能想到的就是我一定要留下來做見證。」最後，她被一名站在身後的中國警衛強行送回房間。

但在此之前，她先看到兩輛卡車駛入，武警人員開始裝載那些人體。「他們把人扔進卡車裡，就像在扔垃圾，」奈嘉德說，「我不記得還有人尖叫。沒有任何聲響，只有人摞在人身上的聲音。肯定有死掉的人。即便有人還活著，他們也不可能在人堆中存活。太恐怖了。」

另外四名目擊者也描述了同樣的場景。珍・布里克說，這些人體被吊上卡車，「就好像他們是一塊塊的肉。」五樓的西方遊客寫信給我說，「我太震驚了……他們把人扔進卡車，就像在扔大袋的馬鈴薯。我不確定他們是不是都被打死了，但很多肯定是死了。腦漿流到地上，我覺得在這種情況下人不可能存活。」另一位目擊證人在話語中多次使用「屍體」這個詞來形容那些卡車上的軀體，但他謹慎地說，自己並沒有看到任何表明這些囚犯已經死亡的跡象。最後一名目擊者則在證詞中直截了當地說，「被那樣對待的人不可能還活著。」他們看到被扔進卡車的屍體數量，估計大約落在二十五到一百具之間。

至於那些被毆打者的身分，除了他們的衣著，幾乎沒有其他什麼線索。一些人戴著學生用的白色頭巾。其他人則像工人一樣，穿著白襯衫和海軍藍的褲子。大清早卡車開走之後，珍・布里克走到前門，看見地上遺留了三十到四十雙的塑膠夾腳拖鞋，就是工人、農民和無業遊民經常穿的那種拖鞋。

美國外交官對這些拘留的情況是知情的。他們在一份電報中描述的狀況與那些目擊證人提過的類似；當時有兩百名戴著頭盔的武警和五十至七十名的便衣警察部署在錦江賓館。[26]一個小時之內，他們恢復了旅館區到對街岷山飯店區域的秩序，逮捕了「大約三十名在外面或院子裡捕獲的搶劫犯。飯店保安一一確認這些人的身分。這些被拘留者被迫身體曲前地跪在地上一個多小時，然後他們的手被反綁在背後，臉朝下，直直地被人往地上推倒。後來他們被扔到人民武警部隊的卡車上載走」。電報中沒有提及暴力事件，可能因為發報者覺得大使館的通訊不夠安全。

為了尋求證據，我轉而去找中國的官方消息來源。在《成都騷亂事件始末》中，有一段提到了拘留事件。[27]書中提到，當武警抵達飯店時，「歹徒」已經砸碎了大廳裡的一些大花瓶，以及飯店大廳商店裡昂貴的燈具、玻璃門和玻璃窗。[28]一個布告欄和地毯著了火。這段資料描述了「經過半小時戰鬥，當場抓獲七十多名歹徒」。至於官方的暴行，《四川日報》則以讚許的口吻提到，「截至六日凌晨五時，在犯罪現場抓獲一批歹徒，其中一個手持鋼桿的歹徒瘋狂頑抗，被我幹警當場擊傷，有力地打擊了歹徒們的囂張氣焰。」[29]據另一份官方報導的說法，住在旅館的外國人很高興看到武警恢復了秩序，他們「熱淚盈眶」表示感謝。[30]

在美國領事館避難的那些外國人沒看到暴力事件，不過第二天就有人告知他們了。

其中一人是奧地利人類學教授卡爾．胡特爾（Karl Hutterer），他在離開中國後向《紐約時報》投書。刊登出來的文章標題為〈成都有自己的天安門大屠殺〉。[31]他指出，控制示威者並不是政府的主要目的，因為「受害者即使已經倒在地上，仍然遭到毆打，並被軍人踐踏；醫院被禁止接收受傷的學生（至少有一家醫院的一些員工因違抗命令而被逮捕），在暴力鎮壓發生的第二天晚上，警察還阻止救護車值勤。」胡特爾堅信，武警的行動是為了消滅學生運動。他同時對旅館遭自發群眾襲擊的事件存疑。他指出，幾個小時前，飯店工作人員曾警告住在那裡的一些外國人說，旅館將受到攻擊。在投書文章中，胡特爾譴責美國官方「謹慎批評」的立場是不夠的。

各方估計的死亡人數差異很大；美國外交官謹慎地估計死亡人數在十到三十人之間。但他們自己的電報（以及英國的電報）都估計死亡人數達三百人。這個數字得到胡特爾的認同，也同樣出現在國際特赦組織的報告中。報告還指控，相關單位下令秘密處決異議分子，並監禁了全國約一萬名與抗議活動有關的人士。中國否認了所有的指控，稱這些指控「毫無根據，毫無道理」。[32]雖然當局已經為鎮壓成都抗議做了一些準備，但還是不夠充分。中國人民武裝警察部隊報告指出，武警缺乏意識形態準備，人力物力也有所欠缺。「長達三天三夜，武裝警察沒法好好睡覺，」報告指出，「太多人被召集，不斷地重新部署，他們只能在辦公室、樓梯間、走廊上或草地上打盹。經常才一躺下就又被分派出去。」報告還揭露，為了救援五名被打得遍體鱗傷的武警，他們總共用了二十五罐催淚瓦斯來驅趕廣場上的抗議群眾。這也是這支分隊第一次在城市裡使用催淚瓦斯。根據報告，為了平定成都秩序總共動員了四千名武警，其中還包括從樂山與綿陽等鄰近城市調動來的支援警力。它也粗略提到「與軍隊的積極合作」，不過語焉不詳，只說一支軍隊「換了服飾，進駐城市裡」。

在暴亂發生後的接下來幾天，成都政府採取了迅速而嚴厲的報復行動。最初的武警報告說在成都逮捕了四百八十八名「罪犯」。[33]六周內就執行了第一場處決，受刑者是兩名被控縱火焚燒車輛的農民。至少有三人因「肆無忌憚地打、砸、搶、燒」被處決，還有一人因翻倒一輛吉普車並縱火而被處死。還有三名被控縱火、搶劫和擾亂治安的人，分別處以無期徒刑。成都從未出動解放軍。但警察與武警聯手鎮壓抗議，使得公眾對其的敵意非常強烈，以至於有段時間一些警察不在公開場合穿制服。

唐德英

那麼，那些在飯店院子裡被如此草率地處理掉的人是誰？為了尋找答案，我拜訪了成都，這個現今擁有一千四百萬人口的繁榮都會。它在巨大的廣告刊版上畫了城市的吉祥物，一隻穿著西裝的大熊貓，並誇稱自己是「新成都」。一堆起重機在昏暗的霧霾中隱約可見，讓「新成都」看起來熠熠生輝。這裡豪華的開發建案包括「小鳥巢」，一棟類似於北京著名的奧林匹克體育場的建築物。「小鳥巢」原本是要作為成都市政府總部的，但它的豪華裝修卻太惹人非議，因此被棄用。那時，正逢世界上建築面積最大的建築物——新世紀環球中心竣工。這個商場中心有一座包含十四個放映廳的IMAX電影院、人造海風，以及一個可容納六千人的人造沙灘。

錦江賓館也為迎接新時代，重新改造了一番，讓人幾乎快認不出來。九〇年代初我第一次光顧時，這裡還是個骯髒、陰沉的地方，現在它被改造成一家豪華飯店，擁有閃閃發亮的大理石大廳和標價過高的本土設計師精品店。飯店內原本的停車場，現在蓋上了玻璃屋頂，搖身變成一個時髦的早餐吧，有錢的客人可以在這裡慢慢享用可頌麵包；而當年發生毒打暴力的院子，現在則停滿了黑色的奧迪汽車和賓士。

我在成都時碰巧認識了一位名叫唐德英的老婦人，她花了二十五年的時間，努力地想為一九八九年的暴力衝突弄清真相。她身材瘦小，穿著粉紅色的塑膠涼鞋拖著腳步走進房間，灰白的頭髮很不安分地從金屬髮箍旁跑出來。唐德英是一個很傳統老派的農民，明顯與成都的新形象格格不入。她說話的時候，尖銳得像連珠炮，伴隨著辛辣的大蒜氣味脫口而出。濃濃的方言口音讓人難以聽懂，我不得不請一個翻譯幫忙翻成普通話。繼續談下去，我們才得知她被國家傷害過兩次，在一九八九年的事變之後，快速的現代化又將她的家鄉改變得面目全非。她現在是一個沒有土地的農民。為了給新成都讓路，她的田地被徵收，房子被拆除。但她那不服氣的下巴和堅毅的眼神，讓人明白這位女士不容小覷。

唐德英波折不斷的人生始於一九八九年六月六日，她十七歲的兒子周國聰在騎著自行車返家途中失蹤。唐德英再也沒見過兒子活著回來。有人告知她，他因違反了宵禁而被警方拘留。幾個月後，另一個被拘留者告訴她，她兒子遭拘留的第二天就被警察打死了。

從這件事開始，唐德英不斷地想為兒子索求賠償，找出真正的兇手。然而，她的努力卻被官方敷衍了事，官方對她兒子的死因提供了各種無法令人滿意的解釋：他不接受審訊，所以他坐下來然後死了；他被其他被拘留者打死了；他是病死的。這十一年來，唐德英拒絕接受這些無稽之談。然後有一天，警察突然莫名其妙地認錯了，交出了她兒子屍體的照片。這張照片拍得很模糊，看上去是一位年輕人的頭和肩膀。他躺在水泥地上，很不合常理地穿著一件一塵不染的白襯衫。鼻孔和嘴角邊有血塊凝結，鼻粱上還有一塊很大的瘀傷。雖然有一邊的臉被陰影遮住，但仍看得出他的臉部浮腫不堪，一隻眼睛微微地睜開。他的母親一看到照片就暈倒了。她兒子命喪黃泉卻如此死不瞑目。

多年來，唐德英的日常生活成了在絕望的現實中擠出一絲絲希望的朝聖之旅，為一椿二十五年前的謀殺案尋求正義，她必須千里迢迢地從警察局跋涉到法院。這位七十多歲的老婦人曾五次到北京上訪。每一次都被遣送回家。她曾被警方拘留、毆打、兩次被關在鐵籠裡，還有長達兩年的時間，家門外都停著一輛警車。甚至可以說，唐德英這個人締造了許多的就業機會。在政治敏感時期——例如鎮壓周年紀念日——就需要二十個人來輪班監視她。她說，他們大多是退伍士兵或「小混混」，月薪大約是一千元人民幣，外加一日三餐。她對這群監視人員的態度通常很直接；她罵他們是「狗娘養的」，斥責他們拿「髒錢」，並且想辦法盡可能地甩掉他們。

她後來成為歷史上第一位因與一九八九年死亡事件相關而獲得政府賠償的人。二〇〇六年，她接受了一筆七萬元人民幣的撫恤金，然而這筆錢名義上卻是「困難補助」，藉此迴避了官方應負的責任。當唐德英接受這筆錢的時候，她很清楚政府要她停止上訪。但她拒絕配合。「他們還沒承認他們的責任，」她堅定地告訴我，「我需要賠償，那是法律規定的，我還要看到那些該負責的人受到懲罰。」

唐德英土裡土氣的，談吐粗鄙又沒受過教育，但這些都不能掩飾她是一個道德高尚的人。她有著農民的單純信念：「事實就是事實。對就是對，錯就是錯。」她靠著這句簡單的信念，與當局周旋了二十五年。

我很好奇地詢問唐德英，她是否聽過其他的死亡事件。她告訴我，還有其他人，尤其一些大學生的屍體尚未找到，不過她只與其中一個家庭有過直接接觸。那麼，有沒有可能其他人跟她兒子一樣是被打死的呢？這位精力充沛的老戰士，直視著我的眼睛，毫不猶豫地回答：「即使我知道，我也不會說。」

其他的天安門事件

是不是很多人就這樣無聲無息地在成都消失了呢？成都以外的人幾乎都不曉得城裡發生了什麼事。這裡的大型示威、暴動、激戰和警察的暴行都被首都的巨大事件搶去了風頭。有西方記者聽聞成都發生了一些不幸的事情，但當他們趕過來了解時，許多在錦江賓館目睹暴行的外國目擊者已經被遣返回國，而當地的目擊者則不敢開口。

來自英國獨立電視新聞（ITN）的攝影採訪小組幾乎蒐集不到任何資訊。當他們試圖採訪四川大學的學生時，團隊成員被逮捕並驅逐出境，理由是他們持旅遊簽而非記者簽。在被捕的前一天他們抵達現場，順利拍到暴動後的一些鏡頭；其中一名記者弗農・曼（Vernon Mann）還記得有看到燒毀的車輛和一面牆上的彈孔。他們一直待在錦江賓館；曼說，他並未看到任何奇怪的地方，不過有注意到當地員工都很冷漠，甚至有些粗魯。他告訴我，「酒店裡沒有一個中國人會跟我們講話。說實話，他們讓人很反感。我沒見到任何比我待得還久的外國人。」他們後來也發現，西方記者與當地中國人之間的接觸變得困難重重，甚至危險。在曼和他的組員被驅逐出境之後，他們在當地請的翻譯也被逮捕了，入獄服刑了幾個月。他獲釋後，英國採訪團隊寄了一些錢給他。當他去取錢的時候，又立即被關回了監獄。

即使是在成都比較活躍的異議人士社群中，也完全沒有人知道在錦江賓館發生的殘忍毆打的實情。「如果發生了，我應該會知道的，」成都維權人士黃琦在見面的時候這麼告訴我。他經營一個記錄人權侵犯事件的網站。*然而，一九八九年的時候他並不在城裡。另一位參加成都運動的流亡人士告訴我，他從未聽說過旅館內有人死亡的事情。但這些暴行發生的地點是在錦江賓館內部，關上大門後外邊的人幾乎都看不到了，除了外國人和飯店工作人員以外，但他們都害怕得不敢再提起。

儘管如此，仍有一個政府機關顯然沒有忘記八九年的事，那就是地方司法機關。四川司法部門最近審理了一些與八九年有關的案件。例如二〇一〇年維權人士譚作人的案子。譚作人在調查孩童死於二〇〇八年四川地震豆腐渣校舍倒塌事件後被捕。然而根據解密的美國電報指出，他的起訴書中沒有提到這一點。煽動顛覆國家政權的指控反而都集中在他紀念八九年受難者的活動上。起訴書的焦點放在他寫的一篇描述他在北京所見所聞的文章，標題是：〈一九八九：見證最後的美麗——一個目擊者的廣場日記〉。檢方辯稱：這是「歪曲描述和誹謗」。起訴書還提到，譚於二〇〇八年六月四日在天府廣場發起了自願捐血活動，以及他曾寄發一封電子郵件，建議舉辦「全球華人捐血活動」來紀念六四二十周年。起訴書說，譚作人「無中生有，捏造消息，散布有損於國家政權和社會主義制度的言論，以損害國家政權和社會主義制度在人民心目中的形象。」法院宣告，案情清楚，罪證確鑿。譚作人被判處有期徒刑五年。[34]

忘記歷史的技巧

在過去二十五年內，這個當年炎夏時節在中國各地發生的長達七個禮拜的事件，一直被濃縮成一個詞：天安門事件。這樣的縮寫將事件發生的地理範圍縮小至首都，壓縮了其他十幾個城市發生的大規模示威活動的能見度，使其漸漸被消音。但是北京的示威活動不是唯一事件，北京市民也不是唯一遭受鎮壓的對象。一九八九年發生的是一場全國性的運動，若人們遺忘這點，就是在縮小事實規模。成都的抗議活動不僅僅是學生遊行，也是得到各界支持，大規模群眾運動的一部分。成都街頭的激戰和短暫失控的街道，顯示出中央政府面臨全國性危機的嚴重程度。[35]根據《天安門文件》，反對北京六四大屠殺的示威遊行在中國六十三個城市爆發，在哈爾濱、長春、瀋陽、濟南、杭州以

---

* 譯註：網站名叫「六四天網」。

及成都等城市有數千人走上街頭抗議。

成都發生的事不僅被遺忘了，還從未被完整講述過。成都人並沒有被北京的大屠殺給嚇退，反而被激怒。然而，由於缺乏獨立的媒體來放大他們的聲量，使得他們短暫的怒吼之聲在空氣中消散，淹沒在政府和抗議者自己隨後發動的暴力行動之中。儘管成都市發生了一些最令人震驚的暴行，但目擊證人卻沒有跟任何人提起。那裡沒有充滿魅力的抗議領袖，沒有吾爾開希，雖然一些參與抗議的人最終流亡海外，但卻從沒有人聽說過他們。至於來自西方的目擊者，則因他們所目睹的暴行而飽受創傷，大多數的人一開始只想著要盡快逃離中國。在安全地回到了自己的國家之後，他們之中許多人接受了媒體採訪，並與人權組織取得了聯繫，例如珍・布里克、金・奈嘉德還有卡爾・胡特爾做的那些事，但是外界對北京以外的事件興趣缺缺，使得他們最後也放棄了爭取公眾關注的努力。

西方媒體也有把整件事敘述得更為簡略之嫌；北京以外所發生的事情大部分都被忽略了，因為缺乏資訊，而且也很難確認事件的確切經過。中國老百姓對警察以及北京的士兵實行的暴力行為經常被淡化。畢竟，這些都不太符合西方對追求自由的學生對抗專制國家的故事的偏好。「我覺得整片荒野裡只有我在發聲。」丹尼斯・瑞說。他那本關於成都生活的回憶錄既描述了一九八九年的抗議活動，也寫了一名警察被暴力殺害的事。「我曾苦思到底要不要把這個故事寫在裡面。我覺得，如果回憶錄最後只寫了音樂的部分，卻沒有提到當時正在發生的事，這樣很不負責任。」

我試圖拼湊成都事件的真相，但怎麼都拼不完整，因為時間太過久遠，而且有太多的未知。當事人的證詞都找不到了，尤其是那些敢於呼籲改革，隨後卻被暴力扼殺掉的那數千人。讓他們緘默下去的其中一個因素，是官方當局的態度。[36]政府在所有宣傳中都強調，成都的學生運動和北京的事件一樣，都是嚴重的「政治動亂」。這種堅稱「暴徒」違法的說法，汙名化了所有參與其中的人，削弱了中國目擊證人說出他們見證之事的勇氣。此外，政府還將事件焦點集中在少數「流氓」的犯罪行為，讓曾經參與過遊行的人開始與隨後的騷亂保持距離，同時還讓他們轉而支持政府的鎮壓。

儘管多年過去了，外國目擊者對錦江賓館院子裡暴行的描述卻驚人地一致。事實上，這些人彼此未曾謀面，而且根本不知道還有其他人也看過同樣的暴力行為，但卻說出了完全一樣的故事。當受訪者發現還有其他目擊者時，我一次又一次地聽到了同樣的震驚語氣。「什麼人也看到了？」一位男士問我，他一直以為自己是唯一的目擊者。

對金・奈嘉德來說，聽到其他證人證實她的故事時，她的情緒幾乎潰堤。在一封給我的郵件中，她寫道：「多年來我為了我們所目睹的罪行感到不安，而且似乎沒有人知道或是夠在意這件事，或是願意冒險去講述它。」她被撤離中國後，通知了國際特赦組織，並向一家義大利報紙分享了她的故事和照片。在被撤離的一個月後，她回到了成都，著急地想了解更多細節。校園裡充斥著有學生失蹤的謠言，卻沒有人敢來跟她說話。當我第一次寫電子郵件給她時，她回覆說：「我一直很想知道，到底要過多久才能真相大白。」

整件事可能永遠無法真相大白。不過在成都所發生的事，幾乎是一個完美的案例研究：首先先改寫歷史，然後再全數刪除。那些限制北京當局的因素並沒有束縛成都地方政府：畢竟，在成都沒有外國人的鏡頭錄下國家所犯的罪行；受害者被武力或恐懼噤聲；大多數的外國證人幾乎是立刻就離開現場；而且幾乎沒有留下什麼消除不掉的痕跡，例如像坦克壓過通往北京天安門廣場的道路那樣所留下的斑駁車痕（不過這些痕跡也很快地被處理掉了）。在成都，發生的事件大多只存在於記憶中，而黨很清楚，記憶是可以改變的，甚至成千上萬人的記憶也有辦法改變。

二十五年來，「忘記歷史的技巧」在成都實踐得相當成功。那些試圖公開記憶的人，例如譚作人，都被送進了監獄。如今唯一的線索，反而是政府最初想拿來掌控說法而自己放出的事件官方版本。所有宣傳一旦發布就無法再收回。現在已被掌握到的那條唯一線索，與那些中國政府無法掌控的材料，例如外國目擊者的描述和美國領事館的外交電報，兩方擺在一起看的時候，彷彿兩個平行時空一樣。

儘管如此，我們可能永遠也不會知道，在那個飯店院子裡被殘忍毆打的七十幾人中，有多少人還活著。

目前只知道，北京的死亡人數以及成都的死亡人數都超過了政府承認的數字。具體數字沒有人知道：成都政府說有八人死亡；美國外交官估計約十到三十人；從飯店窗外目擊經過的人相信有幾十人，甚至有些人說在他們眼前被打死的人高達一百位。這只是一九八九年眾多不為人知的故事之一。在這方面，中國政府改寫和抹去歷史的功力，實在可怕得嚇人。在中國這麼大的國家，還有多少被遺忘的受難者？

後記

記憶的債

四分之一個世紀前發生在天安門廣場上的事，到今日看來，還很重要嗎？中國最偉大的現代作家魯迅，或許可以回答這個問題。一九二六年，政府也曾在天安門廣場發動了暴力鎮壓，那時的示威者抗議軍閥張作霖接受日本的要求。這場鎮壓造成四十七人死亡，數百人受傷。魯迅被事件觸動，他寫下：「這不是一件事的結束，是一件事的開頭。墨寫的謊言，決掩不住血寫的事實。血債必須用物償還。拖欠得愈久，就要負更大的利息！」[1]在北京大屠殺事件後，成都學生帶著寫有「血債血還」字樣的床單走上街頭。流亡海外的學生領袖沈彤也對此感慨萬千。他認為中國領導層對大屠殺的態度，好比一個人正從高樓上摔下來，摔下來的過程中還一邊大喊著，「我沒事！我沒事！」直到最後一刻摔在地面上。[2]

但是，一九八九年遺留下來的東西不是只有黑暗。六四之後鄧小平做出的決定，推動了成就非凡的經濟轉型和猛烈的民族主義，讓中國脫胎換骨成為一個世界強國。在短短一個世代的時間，政府大幅放鬆管制，不再管理人民的日常生活，不再分配工作，不再阻止人們結婚或旅行。隨著收入呈現指數性的增長，每個人都變得越來越富有。經濟自由化改變了周遭的世界，人們開始轉移注意力，把精力投到購買公寓、創辦公司，汲汲營營於新世界帶來的無數新機會中。這些不僅不是因為這個國家已經告別了天安門，反而都是天安門的事後餘波。

一九八九年發生的暴力鎮壓並非特例。在這之前還發生了一九一九年五四運動、一九二六年魯迅書寫過的「三一八慘案」、一九七六年哀悼周恩來逝世時爆發的抗議鎮壓，以及一九八六年至一九八七年失敗的學生運動。中國歷史宛如一種沒有始末、內外不分的莫比烏斯帶（Möbius strip），無止境地循環著自我毀滅，一代傳過一代，這都是源自於集體失憶的後遺症。

中國共產黨重寫了歷史，但它並沒有忘記自己在一九八九年的所作所為，也無意與之和平共處。這點從越來越多人因為紀念活動受到懲罰就可見一斑。例如成都維權人士譚作人，他因顛覆國家政權罪被判刑，或是異議分子朱虞夫，他在二〇一二年被判七年徒刑，只因為他寫的詩中含有以下詞語：

是時候了，中國人！
廣場是大家的腳是自己的
是時候用腳去廣場做出選擇

共產黨疑神疑鬼的程度令人咋舌。這些文字甚至從未公開發表，詩人只是透過Skype傳給一個朋友，中國政府就將之視為顛覆國家政權的證據。顯然，這麼多年過去了，紀念活動始終觸動著中國共產黨的敏感神經。再加上還有些人堅持著拒絕遺忘，反而更突顯了黨的弱點。當局相當清楚中國的農民革命總是有辦法推翻強大的王朝，而不滿的情緒眼下正在群眾之間蔓延開來。政府對動亂的恐懼經年累月不斷加劇。穩定如今已成為黨的口號、黨的執念，黨存在的理由。

因此，壓制不同意見是首要任務，迫切到讓地方政府可以毫不內疚地使用所有他們握有的工具。我在二〇一三年春天訪問成都時，親眼目睹過一個例子。我在成都的時候，路上遇到的每一個人，無論是計程車司機、白領上班族，還是請願人士，全都在談論即將舉行的抗議活動，他們雀躍期待的神情，宛如高中生期待著他們的第一次畢業舞會。此次示威遊行的抗議目標，是彭州一家耗資六十億美元的石化工廠。該工廠距離成都約十八英里，由於靠近地震活躍的斷層帶，人們擔心汙染和安全問題。遊行計畫安排在二〇一三年五月四日周六舉行，這個日期具有雙重意義，與一九一九年的學生運動以及反對同一家工廠的抗議「散步」五周年相呼應。

政府當局先從一些明顯的目標開始下手。首先他們找人當代罪羔羊：有一個女子在網路上發了一篇廣為流傳的文章，誤稱遊行得到政府批准。她先被拘留，而後上當地電視台公開「道歉」。接著，至少有六名維權人士被派去「強制休假」。其他人被軟禁在家中，還有更多人則是被邀請去「喝茶」——這是一種委婉說法，意思是他們受到國家安全部門的審問。印刷店如果上繳顧客影印的遊行傳單，就會得到獎勵。

接著採取更緊縮的防範措施。政府的工作人員被召集開會，在會議上被警告說，如果他們參加遊行就會被解僱。一夕之間，整個城市都在散發傳單，有的貼在公寓門廊，有的塞進門縫。傳單上的文字與之前一九八九年的說法如出一轍，都呼籲成都居民「堅定立場，勿信謠言，不去參加〈抗議活動〉，防止有心人士製造動亂」。但傳單的效果適得其反，反而讓那些未曾聽聞的人注意到了彭州工廠的事，從而引發了一場更大的不滿聲浪。上述的這些手法都還算是之前試過且有用的維穩戰術。但之後地方政府卻變本加厲，開始嘗試新方法：它決定把周末跟周間顛倒過來。當局事前不發任何警告，就說成都這個地方下禮拜的周一跟周二放假，周六和周日上班。結果到了五月四日禮拜六，政府職員被逼著進辦公室，而學生們不情不願地到學校進行緊急考前複習。大學校園裡異常安靜。學生都被關在教室裡，整天上那些被刻意安排出來的課。還有消息稱，為確保中午沒有人離開校園，一些大學提供了午餐便當。校門口還進駐了一車又一車的警察，嚇阻任何忍不住想往外跑的學生。

然而，這些歐威爾式的預防措施還是不夠的。在原定抗議日的前一天晚上，當局突然宣布第二天有一場「抗震救災演習」。五月四日星期六，安全部隊占領了整個城市。天府廣場被完全封鎖，每隔二十英尺就有警察駐守。在原定的抗議地點九眼橋，警察成雙成對地巡邏，便衣警察趾高氣昂地來回穿梭，對著他們的對講機竊竊私語，還有消防員坐在他們的車子上。在附近的一家茶館，幾十名抗暴警察全副武裝地在桌子旁打瞌睡，防彈背心上還掛著塑膠手銬。在這種情況下，沒有人敢抗議。

街上的轉角處，我看到一位淚流滿面的女士被警察盤問；她無意中犯的錯，就是戴上一個廉價的白色口罩。這種口罩通常是在霧霾嚴重或者罹患感冒的時候使用的。但由於之前的抗議者曾經戴上口罩來無聲地抗議環境汙染，現在僅僅只是戴上口罩就讓她成了可疑分子。

如此一來，整個城市都變成了當局的閱兵場，讓政府顯示自己有多麼認真地阻止騷亂。如今，環境問題漸漸超過了政治訴求或土地糾紛，成為社會動盪的最大原因。[3]像是對人體有害的空氣、幾乎不能飲用的水[4]、食品中含有太多甚至無法追蹤的毒素，這類環境問題跨越了貧富與城鄉的界線，將中國人團結起來。近年來，由於對汙染的憂慮，廈門、大連、寧波、昆明等城市上演了反對大型工業建設的大規模抗議活動。然而在成都，也許一九八九年那不可言說的記憶至今依然歷歷在目，政府並不允許人民用這種方式展示力量。

無論如何，殘酷無情的維穩機器實在相當有效，甚至厲害到讓我從成都回到北京家中時，開始懷疑我自己看到的一切。一個省級政府真的可以就這樣自行改變周末的時間，卻沒有人有意見嗎？這簡直就像是整個地區都往過去的極權主義開倒車。我上網搜尋，卻無法在英語網路世界上查到什麼資料。接著我轉去找微博——中國版的推特。令我欣慰的是，我不是唯一一個人。電梯裡貼著警告傳單的照片、路旁排列著警車的鏡頭，還有數十名不滿的網友發文痛罵日常生活被搞得天翻地覆感到憤怒。政府禁止人民在現實世界表達心中的怒火，卻導致了網路上的火山爆發。有人寫道：「你可以阻止九眼橋的遊行，但你不能阻止成都人民心中抗議的積壓！」另一個人問：「你要跟誰戰鬥？成都人嗎？」

共產黨會用最極端的方法避免動亂，即使只是殺雞都願意用上牛刀。但這些手段會逐漸讓人民離心離德。政府報復抗議者會讓社會變得更不穩定。例如，以兒子被成都警方打死的唐德英來說，這些策略並沒有效，反而只會讓更多人想破壞穩定，或是讓人設法從中獲益，例如那些花錢被請來監視她的「流氓」。在當下，這種方法好像讓共產黨得到了更多時間，但往遠想幾步，就知道只是時候未到而已。

未來像天安門這樣的群眾運動還可能再次發生嗎？有可能。貪婪的土地徵用、隨處可見的官員腐敗以及令人窒息的環境問題，正逼得老百姓走投無路，覺得自己快活不下去了。但是只要各地方的問題沒有串聯起來，大規模運動的可能性就還不高。然而，地圖上的這些小點在規模和頻率上都在擴大，而同時中國邊疆地區的不穩定——鮑彤指的「小天安門」——也正加快步伐，因為在維穩的要求以及民族主義的雙重壓迫下，少數民族不得不鋌而走險反抗政府。在二〇一三年的一起事件中，一群藏人因拒絕在自家懸掛中國國旗而爆發衝突，四人被槍殺，五十人受傷。[5]二〇一三年又一個動盪加劇的跡象是，當局指責維吾爾族分裂分子對天安門廣場發動「恐怖攻擊」。一輛吉普車在天安門廣場靠近懸掛著毛主席畫像的地方起火，五人死亡。外國媒體報導稱，當時國家領導人就在附近。[6]

為了防患未然，政府當局在全國各地安裝了大約兩千萬到三千萬台閉路攝影機，建立了一個暱稱「天網」的全國性監控系統。[7]國家可能已經不再對人民的生活發號司令，但卻提高了對本國公民的監控能力。中國政府的恐懼在預算上一覽無遺：內部維穩已經變得比國防更重要，共產黨眼裡的主要威脅已經不再是外國人，而是中國人。

席捲全中國的「遺忘症」不僅來自於政府由上而下的推動，人民也是共犯，且樂在其中。遺忘是一種生存機制，一種從環境中習得的天性。中國人民已經學會了對任何不愉快的事情不聞不問，為求方便，他們讓自己的大腦留下錯誤的記憶——或者讓真實的記憶被抹除。父母保護他們的孩子遠離過去，因為那些知識可能會讓他們葬送光明的未來。既然記得這些事沒有什麼好處，為什麼要惹這些麻煩呢？

中國共產黨不斷地宣揚中國五千年的悠久歷史，卻對當代的醜事閉口不談。在一個比歷史上任何其他國家都更成功地脫貧致富的國家，這個行為重要嗎？答案是肯定的。這之所以重要，是因為這個新世界大國的國家認同建立在謊言之上。當這些謊言在學校裡一代接著一代地傳下去，不斷懲罰說真話的人，道德真空就會不斷擴散，記憶的債越囤越高，最後得犧牲世界上最寶貴的東西——人性——才能償還。

致謝

這本書最大的功臣是所有跟我分享他們的故事的人。沒有他們，這本書就不會存在。許多人慷慨地奉獻他們的時間和所長，分享他們的故事、照片、資料、日記和研究。他們之中許多人必須保持匿名。雖然他們的名字沒有記錄在這裡，但他們的貢獻不會被遺忘。

如果華志堅（Jeff Wasserstrom）沒有出手，這本書永遠不會出版。直到今天，我都不知道是該感謝他還是責備他。他總是那樣熱心地支持，促成了這本書的付梓。我要感謝我的編輯，牛津大學出版社（Oxford University Press）的Tim Bent，他沉著冷靜，有無限的耐心和專業得體的編輯力。感謝Keely Latcham及Stacey Victor幫忙形塑了這本書，他們對細節十分注重。感謝哈佛費正清研究院圖書館館長南西（Nancy Hearst）孜孜不倦的協助，她對這段歷史時期的深入了解非常珍貴，讓我受益匪淺。我還要感謝Howard Yoon的友誼和睿智的建議。

我要特別感激李林森（Linsen Li），他對成都的研究是我反覆參考的重要資源。我還很幸運得到毛雪萍（Stacy Mosher）、馬若德（Roderick MacFarquhar）、何曉清、馬思中（Magnus Fiskesjö）、高敏（Mary Gallagher）、郝山（Nico Howson）、曹雅學、華衷（Jon Watts）、賀智傑（Chris Hogg）、艾明德（Adam Minter）和Anu Kuhltalahti的建議與支持。非常感謝班國瑞（Gregor Benton）、Rachel Harvey、Scott Tong、Elinor Duffy和Ariana Lindquist，他們閱讀了這本書的初稿，並提供了周到的建議。感謝Judy Wyman Kelly在我最需要的時候自願充當我的顧問，她為最後一章提出中肯的分析，幫助我大幅地提升文章水準。

如果沒有我在美國國家公共廣播電台（NPR）的老闆的大力支持，尤其是Margaret Low Smith和Madhulika Sikka，這個計畫不可能實現。Edith Chapin用她的魔法把我的行程安排得一清二楚，讓我得以成行。而Anthony Kuhn及Frank Langfitt則在我不在的時候接替我。我很榮幸在美國國家公共廣播電台工作，為此我要感謝Loren Jenkins。超級感謝我的長期編輯、傳奇人物Ted Clark，以及Bob Duncan救了我好多次，我都數不清了。

特別還要感謝密西根大學的奈特—華萊士獎學金（Knight-Wallace Fellowship）主任Charles Eisendrath，他在我最需要的時刻提供了避風港。Birgit Rieck以及Wallace House

團隊協助解決了大大小小的問題，而圖書館員傅良瑜提供了出色的諮詢服務，幫忙解開了密西根大學中國館藏品的秘密。這一整年的研究計畫是一份很不尋常的禮物，我很幸運能與我的計畫同事一起共享，我們還一起喝了無數杯的凱匹林納雞尾酒。特別感謝Jamie Wellford、Ilja Herb、Adam Glanzman以及Leila Navidi的辛勤工作，這些同事也變成了我的密西根家人。

我還想向為我守密的麥可新（Kathleen E. McLaughlin）敬一杯粉紅酒，她無私地給予我精神支持。最後，我找不出任何適合的詞語，去感謝陪伴我一路辛苦走來的家人。我的父母Patricia和林寶財（Poh Chye Lim）是這本書的第一批讀者，在我無數次覺得心力交瘁的時候，他們是我力量的泉源。世界上最好的姊妹林素蓮（Emma Lim）與林美蓮（Jo Lim），她們為我讀書，為我做飯，還在我寫作的時候幫忙照顧我的孩子，聽我喋喋不休地抱怨。我的兩個孩子馮月（Daniel）以及馮雨（Eve），則是鼓勵我衝向終點的啦啦隊，儘管為了寫這本書，他們的生活發生了天翻地覆的變化。最後要感謝的人是馮建文，沒有他，這本書就沒辦法寫出來了。

註釋

台灣版作者自序

1 "China Jails Tiananmen Protest Veteran For Four Years After Grave Visit", *Radio Free Asia*, March 31, 2017, at https://www.rfa.org/english/news/china/veteran-03312017101824.html

2 Thien, Madeleine, "The Diary: Madeleine Thien", June 3, 2017 at https://www.ft.com/content/044c6846-45e6-11e7-8d27-59b4dd6296b8

3 "Four Still Held For Subversion Over Tiananmen Massacre Liquor", *Radio Free Asia*, October 24, 2018, at https://www.rfa.org/english/news/china/64-liquor-10242018124013.html

4 Hillenbrand, M 2017, 'Remaking Tank Man, in China', *Journal of Visual Culture*, vol. 16, no. 2, pp. 127-66.

前言

1 Cassel, P. K., "The Gate of Heavenly Pacification," June 18, 2008 at http://thechinabeat.blogspot.com/2008/06/gate-of-heavenly-pacification.html（查閱時間：2013.12.26）

2 "Chinese Mark National Day" Oct 1, 2012, at http://www.cctv.com/english/special/news/20091010/103357.html（查閱時間：2013.12.26）

3 各方估計值有很大的落差。官方統計死亡人數約為一千五百萬人，但學者們給出的數字要高得多。經濟學家陳一諮估計有三千萬人死於大饑荒，而荷蘭學者馮客（Frank Dikötter）則估計有四千五百萬人，楊繼繩估計有三千六百萬死於飢餓，四千萬嬰兒胎死腹中。

4 Fang Lizhi, "The Chinese Amnesia," *New York Review of Books*, tr. Perry Link, Sept. 27, 1990, at http://www.nybooks.com/articles/archives/1990/sep/27/the-chinese-amnesia/（查閱時間：2014.02.02）

5 Cui Weiping, "Why do we need to talk about June 4th?", *China Digital Times*, at http://chinadigitaltimes.net/2009.05/cui-weiping-why-do-we-need-to-talk-about-june-4th/（查閱時間：2013.12.26）（譯按：此文為中英對照，中文標題為：〈為什麼要談六．四？〉

——「二〇〇九・北京・六四民主運動研討會」論文。）

第一章　小兵

1 Brook, 196.

2 張豈之，頁436。

3 Brook, 155.

4 "What Happened on the Night of June 3," at http://www2.gwu.edu/~nsarchiv/NSAEBB/NSAEBB16/docs/doc32.pdf（查閱時間：2013.12.26）

5 Brook, 52.

6 同上，頁50。

7 《孟子》英譯版：*Mencius: A Bilingual Edition*, translated by D. C. Lau, Chinese University Press, 2003, xlii.（譯按：《孟子・萬章上》引《尚書》。）

8 "The First Cultural and Creative Industry Service Center Built in Songhuang, Tongzhou District, Beijing," *Beijing Daily*, April 29, 2009, at http://www.bopac.gov.cn/english/Investment/dynamic/2c99846030474972013049b813e5000b.html（查閱時間：2013.12.26）；另見Farrar, Lara and Mitch Moxley, "The Rise of China's Songzhuang Art

Village," April 15, 2010, at http://travel.cnn.com/explorations/none/chinas-song-zhuang-art-village-744184（查閱時間：2013.12.26）

9 Brook, 130.

10 《北京風波紀實》，畫冊編委會，頁61。

11 Brook, 130；Wong, 255.

12 Berry, 301.

13 楊，頁361–362。

14 同上，頁362。

15 Munro, 815; Schell, 123.

16 Vogel, 626, 836.

17 Oksenberg, Sullivan and Lampert, 377.

18 同上，頁381。

19 Butterfield, Fox, "TV Weekend; China's Leader Calls Massacre 'Nothing' " *New York Times*, May 18, 1990 at https://www.nytimes.com/1990/05/18/arts/tv-weekend-china-s-leader-calls-massacre-nothing.html（查閱時間：2013.12.26）

20 Miles, 381.

21 Ford, Peter, "Tiananmen Still Taboo in China After All These Years," *Christian Science Monitor*, June 4, 2013, at https://www.csmonitor.com/World/Global-News/2013/0604/Tiananmen-still-taboo-in-China-after-all-these-years（查閱時間：2013.12.26）

22 Oksenberg, Sullivan and Lampert, 378.

23 中國人民解放軍總政治部文化部徵文辦公室，頁463–465。

24 Huang and Ge, 169.

第二章　留下來的人

1 Miles, 17；Schell, 21.

2 Mao Zedong, "Towards a Golden Age." *Xiangjiang pinglun*（湘江評論）, July 1919, https://www.marxists.org/reference/archive/mao/selected-works/volume-6/mswv6_03.htm（查閱時間：2013.12.26）（譯按：此段中文原文出自毛澤東的長篇文章〈民眾的大聯合〉，連載於同年七、八月的《湘江評論》第二至四期。〈民眾的大聯合（三）〉全文可參考：https://www.marxists.org/chinese/maozedong/1968/1-014.htm〔查閱時間：2019.03.15〕）

3 Wong, 241.

4 Chai, 158.

5 Schell, 63.

6 Lubman, Sarah, "The Myth of Tiananmen Square," *The Washington Post*, July 30, 1989, C5.

7 Zhang Liang, 378.

8 "List of Tiananmen Victims, No 120: Yin Jing, Male, Age 36" at http://www.alliance.org.hk/English/Tiananmen_files/victimlist4.html（查閱時間： 2013.12.26）（譯按：上述網頁內容目前已移除。「中國人權」的網站也刊登了同一份死者清單：https://www.hrichina.org/en/list-155-victims-beijing-massacre〔查閱時間：2018.12.09〕）

9 Chinese Human Rights Defenders, "The Legacy of Tiananmen: 20 Years of Activism, Oppression and Hope," June 1, 2009 at http://www.wmd.org/documents/0609dn13.pdf（查閱時間：2014.01.01），第46頁。（譯按：上述網址失效，請轉往另一個下載點：https://www.nchrd.org/wp-content/uploads/2009/06/The-Legacy-of-Tiananmen3.pdf，頁46。〔查閱時間：2018.12.09〕）

10 Munro, Robin and Mickey Spiegel (eds.), "Detained in China and Tibet: A Directory of Political and Religious Prisoners", Human Rights Watch, Jan 1, 1994, P. 101

11 關於凌源監獄政治犯的受虐處境，可參閱人權組織「亞洲觀察」的報告：Asia Watch, 15, China: Political Prisoners Abused in Liaoning Province as Official Whitewash of Labor Reform System Continues. http://www.hrw.org/reports/pdfs/c/china/china929.pdf（查閱時間：2013.12.26）

12 同上，頁2。

13 同上，頁8。

14 同上，頁9。

15 同上，頁10。

16 Miles, 32.

17 Liao, *For a Song and a Hundred Songs*, 82.（譯按：作者引用的是英譯版，原中文書名為：《六四．我的證詞》，二〇〇一年允晨文化出版。）

18 同上，頁87。

19 "Tiananmen's 'Most Wanted' Call for Retrial for Zhang Ming," June 2, 2004 at http://www.hri-china.org/content/1876（查閱時間：2013.12.26）.（譯按：中文版參見〈"六四"被通緝的學生領袖致中國政府公開信，要求依法公正對待張銘〉，網址：https://www.hrichina.org/cht/content/2100〔查閱時間：2018.12.09〕）

20 Shiying Liu and Avery, Martha, *Alibaba: The Inside Story Behind Jack Ma and the Creation of the World's Biggest Online Marketplace* (New York: Collins Business, 2009), 50.

21 "Talk Show: Charlie Rose-Jack Ma," September 29, 2010, at http://lchzfg.blog.163.com/blog/static/16248671320108291145918/（查閱時間：2013.12.26）；另外可參youtube：https://www.youtube.com/watch?v=rUwmakdaye4 at 12.02,（查閱時間：2013.12.26）

22 香港《南華早報》中文版採訪紀錄參閱：http://www.nanzao.com/sc/fea-tures/9204/ma-yun-fang-tan-lu-yi-cheng-gong-zhe-zhi-neng-zou-zi-ji-de-lu（查閱時間：2013.12.26）.（譯按：此段落為二〇一三年五月馬雲接受記者劉怡專訪的其中一段採訪節錄，該報導於七月刊登後遭刪除又重新上傳，引發一連串風波，記者、《南華早報》及阿里巴巴三方各執一詞。目前上述網址已無法使用，有興趣的讀者可以轉往以下網站：https://www.guancha.cn/MaYun/2013_07_24_160839.shtml〔查閱時間：2012.12.09〕）

23 Miles, 27.

24 Yan Lianke, "On State-Sponsored Amnesia," April 1, 2013 at https://www.nytimes.

com/2013/04/02/opinion/on-chinas-state-sponsored-amnesia.html?pagewanted=all（查閱時間：2013.12.26）.（譯按：閻連科在〈國家失記與文學記憶〉一文中也寫過類似的段落。該文章收錄於著作《沉默與喘息：我所經歷的中國和文學》〔台北：印刻，二〇一四年〕。）

25 Pomfret, John, "Four Pathways from Tiananmen Square," *Washington Post*, June 5, 1999 A1, accessed at http://www.washingtonpost.com/wp-srv/inatl/daily/june99/tiananmen5.htm（查閱時間：2013.12.26）

26 Larmer, Brook, "Building Wonderland," *New York Times*, April 6, 2008, accessed at https://www.nytimes.com/2008/04/06/realestate/keymagazine/406china-t.html?pagewanted=print（查閱時間：2013.12.26）

27 Goldkorn, Jeremy, "Should Chinese Political Delegates Wear $2000 Suits," Danwei, March 6, 2012 at http://www.danwei.com/should-chinese-political-delegates-wear-2000-suits/（查閱時間：2013.12.26）

28 吳杰：〈下屆全國人大代表基層代表比例將大幅度增加〉，二〇一二年三月十九日，網址：http://www.infzm.com/content/72122（查閱時間：2013.12.26）

29 Silk, Richard, "Report: Seat in China's Parliament Pays Dividends for CEOs," *Wall Street*

Journal, June 20, 2013 at http://blogs.wsj.com/chinarealtime/2013/06/20/seat-in-chinas-parliament-pays-dividends-for-ceos/（查閱時間：2013.12.26）

30 Schell, 80.

第三章　流亡的人

1 Suettinger, Robert, *Beyond Tiananmen: The Politics of U.S.-China Relations*, Washington D.C.: Brookings Institution Press, 2003, p. 30.

2 吾爾開希，頁199。

3 Baranavitch, Nimrod, *China's New Voices: Popular Music, Ethnicity, Gender and Politics, 1978–1997*, Berkeley: University of California Press, 2003, p. 35.

4 Hou Dejian in "The Gate of Heavenly Peace: Transcript" at http://www.tsquare.tv/film/transcript.html（查閱時間：2013.12.26）.（譯按：紀錄片《天安門》的中文版網站提供大量原版史料。侯德健的談話文稿可參：http://www.tsquare.tv/chinese/film/ghp07.html〔查閱時間： 2018.12.10〕）

5 Wong, 235.

6 Pomfret, 153.

7 Oksenberg, Sullivan, and Lampert, 356.

8 Abrams, Jim "Chinese Order Expulsion of Two U.S. Correspondents with PM-China," *Associated Press*, June 14, 1989, at http://www.apnewsarchive.com/1989/Chinese-Order-Expulsion-of-Two-U-S-Correspondents-With-PM-China/id-901c19a60ba1c538f875ef1128211846（查閱時間：2013.12.26）

9 Spence, Jonathan, "*Children of the Dragon*, Collier Books, Macmillan Publishing Company, New York, 1990" at http://www.tsquare.tv/links/spence.html（查閱時間：2014.01.01）

10 Schell, 137.

11 同上，頁211。

12 Sonny Shiu-Hing Lo, *The Politics of Cross-Border Crime in Greater China: Case Studies of Mainland China, Hong Kong and Macao*, Armonk, NY: M. E. Sharpe, 2009, P. 87.

13 吾爾開希、柴玲、封從德、梁擎墩、王超華、張伯笠、李錄等人逃離中國，其中張伯笠在國內逃亡了兩年才順利出國。其他十四名學生領袖或被逮捕或自首，幾乎所有人都被判刑入獄。另可參閱：Mosher, Stacy, "Tiananamen's Most Wanted – Where are They Now?" China Rights Forum, No.2, 2004 at http://www.hrichina.org/sites/default/

files/PDFs/CRF.2.2004/b6_TiananmensMost6.2004.pdf（查閱時間：2014.01.01）

14 Lee, Samson and Natalie Wong, “Praise for Brit Agents Who Helped Students,” *The Standard*, July 12, 2011 at http://www.thestandard.com.hk/news_detail.asp?pp_cat=30&art_id=113000&sid=32996305&con_type=1&d_str=20110712&sear_year=2011（查閱時間：2013.12.26）（譯按：上述連結失效，可轉往：https://web.archive.org/web/20121016021045/http://www.thestandard.com.hk/news_detail.asp?pp_cat=30&art_id=113000&sid=32996305&con_type=1&d_str=20110712&sear_year=2011〔查閱時間：20181210〕）

15 Sonny Shiu-Hing Lo, 88.

16 更多相關細節可以參閱香港民主黨前黨鞭司徒華的回憶錄《大江東去：司徒華回憶錄》（香港：牛津大學出版社，二〇一一年）。

17 Pomfret, John, “Minority Student Leader Defiant in the Midst of Chinese Demonstrations,” Associated Press, April 29, 1989 at http://news.google.com/newspapers?nid=1917&dat=19890429&id=1nghAAAAIBAJ&sjid=EIkFAAAAIBAJ&pg=2305,7221712（查閱時間：2013.12.26）

18 Branigan, Tania, “Woman’s Lone Protest Calms Tempers as Uighurs Confront Chinese

Police," *The Guardian*, July 7, 2009 at http://www.theguardian.com/world/2009/jul/07/uighur-protest-urumqi-china（查閱時間：2014.01.01）

19 "Xinjiang Online, Controls Remain," Radio Free Asia, May 19, 2010 at https://www.rfa.org/english/news/uyghur/internet-05192010113601.html（查閱時間：2013.12.26）

20 Wu'er Kaixi, "A Declaration of Oppression," *The Guardian*, July 8, 2009, at http://www.theguardian.com/commentisfree/2009/jul/08/china-protest-uighur-deaths（查閱時間：2013.12.26）

21 "Wang Dan and Others Appeal for Permission to Visit China," Human Rights in China, April 6, 2012 at http://www.hrichina.org/en/content/5948（查閱時間：2013.12.26）.（譯按：中文版：〈王丹等人要求中國政府允許他們回國看看〉https://www.hrichina.org/cht/content/5950〔查閱時間：2018.12.10〕）

22 "Overseas Dissidents Scramble for West's Attention," *Global Times*, November 27, 2013 at http://www.globaltimes.cn/content/827937.shtml（查閱時間：2013.12.26）

23 Chai Ling, " 'I Forgive Them': On the 23rd Anniversary of the Tiananmen Square Massacre of 1989," June 4, 2012 at http://www.huffingtonpost.com/chai-ling/tiananmen-china_b_1565235.html（查閱時間：2013.12.26）

24 Chai Ling in "The Gate of Heavenly Peace: Transcript," at http://www.tsquare.tv/film/transcript.php（查閱時間：2013.12.26）.（譯按：柴玲於一九八九年五月二十八日與美國記者金培力〔Philip Cunningham〕的談話紀錄全文可參：http://www.tsquare.tv/chinese/archives/chailin89528.html〔查閱時間：2018.12.10〕）

25 Chai, 276.

26 同上，頁263。

27 Wu'er Kaixi in "The Gate of Heavenly Peace: Transcript," at http://www.tsquare.tv/film/transcript.html（查閱時間：2013.12.26）（譯按：原版文稿可參：http://www.tsquare.tv/chinese/film/ghp05.html〔查閱時間2018.12.10〕）

28 Oksenberg, Sullivan, and Lampert, 258.

第四章　學生

1 Schell, 163.

2 同上，頁177。

3 同上，頁242。

4 Bradsher, Keith, "Next Made-in-China Boom: College Graduates," *New York Times*, January 16, 2013 at https://www.nytimes.com/2013/01/17/business/chinas-ambitious-goal-for-boom-in-college-graduates.html?pagewanted=2&pagewanted=all（查閱時間：2013.12.08）

5 Jin Zhu, "More job training urged for graduates," *China Daily*, May 30, 2013 at http://www.chinadaily.com.cn/china/2013-05/30/content_16545493.htm（查閱時間：2013.12.27）

6 "How Did the Global Poverty Rate Halve in 20 Years?" *The Economist*, June 2, 2013, at http://www.economist.com/blogs/economist-explains/2013/06/economist-explains-0（查閱時間：2013.12.09）

7 Bonnin, Michel, "The Chinese Communist Party and 4 June 1989: Or How to Get Out of It and Get Away with It," in Beja, 41.

8 張豈之，頁366。

9 何沁，頁358。

10 "It Is Necessary to Take a Clear-cut Stand Against Disturbances," *Renmin ribao* editorial, April 26, 1989 at http://www.tsquare.tv/chronology/April26ed.html（查閱

時間：2013.12.26）（譯按：社論原始中文版可參：http://www.tsquare.tv/chinese/archives/426editorial.html〔查閱時間2018.12.10〕）

11 張豈之，頁367；何沁，頁393。

12 Zhang Liang, 81.

13 張豈之，頁368。

14 同上，頁368。

15 "Paper Reprimanded for Tiananmen Photograph," at www.cablegatesearch.net/cable.php?id=08BEIJING2915（查閱時間：2013.12.09）（譯按：上述連結失效，電報內容可參考維基解密：https://wikileaks.org/plusd/cables/08BEIJING2915_a.html〔查閱時間：2019.03.01〕）

16 "Tiananmen Massacre A Myth," *China Daily*, July 14, 2011 at http://www.chinadaily.com.cn/opinion/2011-07/14/content_12898720.htm（查閱時間：2013.12.26）

17 Liu, "The Spiritual Landscape of the Urban Young in Post-Totalitarian China", in *No Enemies, No Hatred: Selected Essays and Poems*, 47.（譯按：原中文版標題為〈後極權時代的精神景觀〉，收錄在香港新世紀出版社於二〇一〇年出版的《劉曉波文集》。）

18 McDonald, Mark, "As Party Congress Nears, Beijing Fears Subversive Ping-Pong Balls," November 1, 2012 at http://rendezvous.blogs.nytimes.com/2012/11/01/as-transition-nears-beijing-cracks-down-on-ping-pong-balls/（查閱時間：2013.12.27）

19 "China's Communist party membership exceeds 85 million," Xinhua, July 1, 2013 at http://english.cpc.people.com.cn/206972/206974/8305636.html（查閱時間：2013.12.27）

第五章　母親

1 張先玲：〈為了記錄歷史的真實〉二〇〇四年五月二十六日，http://www.64memo.com/b5/16310.htm（查閱日期：2013.12.26）

2 張先玲在天安門母親網站上發表的另一篇文章，寫了更多她多年來奮鬥的歷程。參閱：張先玲：〈我與天安門母親一起抗爭和磨練〉http://www.tiananmenmother.org/tiananmenmother/20%20years/m090515001.htm（查閱日期：2013.12.08）

3 同上。

4 同上。

5 同上。

6 Goldman, 68.

7 Wong, 298.

8 詳細資料請參閱天安門母親官網：http://www.tiananmen-mother.org/index_files/Page480.htm（查閱時間：2013.12.08）（譯按：上述網頁連結失效，請轉往：http://www.64memo.com/html/victims.htm〔查閱時間2018.12.10〕）

9 Oksenburg, Sullivan and Lampert, 381.

10 Buckley, Chris, "China Internal Security Spending Jumps Past Army Budget," Reuters, March 5, 2011 at https://www.reuters.com/article/us-china-unrest/china-internal-security-spending-jumps-past-army-budget-idUSTRE7222RA20110305（查閱時間：2013.12.27）

11 參閱：http://www.hrichina.org/content/238（查閱時間：2013.12.08）

12 Barme, "Confession, Redemption, and Death," Part VIII.

13 Liu, xvii.

14 Chen, 36,

15 Liu, 13.

16 同上，頁12。

17 同上，頁10。

18 同上，頁10。

19 “China Releases Tiananmen Relatives,” *The Age*, April 3, 2004 at http://www.theage.com.au/articles/2004/04/03/1080941714228.html（查閱時間：2013.12.27）

20 “73-Year-Old Member of Tiananmen Mothers Commits Suicide,” Human Rights Watch, May 27, 2012 at http://www.hrichina.org/content/6074（查閱時間：2013.12.08）（譯按：中文版訃告參閱〈七十三歲的天安門母親群體成員自縊身亡〉：https://www.hrichina.org/cht/content/6076〔查閱時間：2018.12.10〕）

21 “Hope Fades as Despair Draws Near,” Human Rights Watch, May 31, 2013, at http://www.hrichina.org/content/6709（查閱時間：2013.12.08）（譯按：中文版〈天安門母親：“希望”已漸漸消失，“絕望”正漸漸逼近——紀念“六四”慘案24周年〉參閱：https://www.hrichina.org/cht/content/6711〔查閱時間：2018.12.10〕）

22 Wong, Kelvin, Stephanie Tong, and Rachel Evans, “Tiananmen Protesters Mark Crackdown in Annual Hong Kong Vigil,” Bloomberg News, June 4, 2013 at https://www.bloomberg.com/news/articles/2013-06-03/hong-kong-tiananmen-vigil-organizers-call-on-xi-to-speed-reforms（查閱時間：2013.12.26）

第六章　愛國的人

1 McCurry, Justin, and Tania Branigan, "China-Japan Row Over Disputed Islands Threatens to Escalate," *The Guardian*, September 18, 2012, at http://www.theguardian.com/world/2012/sep/18/china-japan-row-dispute-islands（查閱時間：2013.12.27）

2 引述自作者的採訪紀錄。

3 Deng Xiaoping,“ Address to Officers at the Rank of General and Above in Command of the Troops Enforcing Martial Lawin Beijing," June 9, 1989 at http://english.peopledaily.com.cn/dengxp/vol3/text/c1990.html（查閱時間：2013.12.08）（譯按：鄧小平：〈在接見首都戒嚴部隊軍以上幹部時的講話可參閱http://zg.people.com.cn/BIG5/33839/34943/34944/34947/2617562.html〔查閱時間：2018.11.15〕）

4 Chen, 16.

5 Wang, *Never Forget National Humiliation*, 183.

6 Li Peng, quoted in Willy Wo-lap Lam, "China's Tiananmen Verdict Unchanged," CNN, March 4, 2001 at http://edition.cnn.com/2001/WORLD/asiapcf/east/03/04/china.willy.tiananmen/（查閱時間：2013.12.27）

7 Wang, *National Humiliation, History Education and the Politics of Historical Memory*, 789.

8 Wang, *Never Forget National Humiliation*, 204.

9 "National Museum Unveils Grand Exhibition 'Road to Revival,' " CCTV September 26, 2009 at http://english.cctv.com/program/news-hour/20090926/102104.shtml（查閱時間：2013.12.27）

10 "Xi Pledges Great Renewal of the Chinese Nation," Xinhua, November 29, 2012 at http://news.xinhua-net.com/english/china/2012-11/29/c_132008231.htm（查閱時間：2013.12.27）（譯按：上述連結失效，參閱請轉往中國國家博物館官網的新聞稿：http://en.chnmuseum.cn/tabid/521/InfoID/86595/frtid/500/Default.aspx〔查閱時間：2018.12.11〕）

11 Kissinger, 504–507, 521.

12 Blanchard, Ben, "Chinese Astronaut Takes Historic Walk in Space," Reuters, September 27, 2008 at http://www.reuters.com/article/2008/09/27/us-china-space-idUSTRE48Q0RY20080927（查閱時間：2013.12.27）

13 Wang, *Never Forget National Humiliation*, 145.

14 McLaughlin, Kathleen, "A Bad Omen," *American Journalism Review*, June/July 2008 at http://ajrarchive.org/article.asp?id=4534（查閱時間：2013.12.27）

15 Chang-tai Hung, "The Politics of National Celebrations in China" in Kirby, 367.

16 "Bashing Japan: Staged Warfare" *The Economist*, June 1, 2013 at http://www.economist.com/news/china/21578699-government-reins-overly-dramatic-anti-japanese-television-shows-staged-warfare（查閱時間：2013.12.08）（譯按：上述連結失效，參閱請轉往：https://www.economist.com/china/2013/06/01/staged-warfare〔查閱時間：2018.12.11〕）

17 *Qiangjiang Evening News*, February 4, 2013 at http://chinadigitaltimes.net/2013/02/dying-for-a-living-anti-japan-war-actors/（查閱時間：2013.12.11）

18 Lague, David and Jane Lanhee Lee, "Why China's Filmmakers Love to Hate Japan," Reuters, May 27, 2013 at http://www.abs-cbnnews.com/business/05/27/13/why-chinas-filmmakers-love-hate-japan（查閱時間：2013.12.27）

19 Yang Xiyun, "People, You Will See This Movie—Right Now," *New York Times*, June 24, 2011 at http://www.nytimes.com/2011/06/25/movies/chinese-get-viewers-to-propaganda-film-beyond-the-great-revival.html（查閱時間：2013.12.27）

20 Jinzhun "What Makes Red Tourism So Popular," *People's Daily Online*, November 7, 2012 at http://english.peopledaily.com.cn/90782/8009039.html（查閱時間：2013.12.10）

21 "Ten Great Achievements for Tourism of Yan'an City in 2009" at http://www.westaport.com/english/guideinfo.asp?leaf_id=110（查閱時間：2013.12.09）

22 Lim, Louisa, "China's New Leaders Inherit Country at a Crossroads," NPR, October 29, 2012 at http://www.npr.org/2012/10/29/163622534/chinas-new-leaders-inherit-country-at-a-crossroads（查閱時間：2013.12.27）

23 Lorin, Janet, "Chinese Students at U.S. Universities Jump 75% in Three Years," *Bloomberg*, November 17, 2014 at Http: https://www.bloomberg.com/news/articles/2014-11-17/chinese-students-at-u-s-universities-jump-75-in-three-years（查閱時間：2015.03.21）

24 Carroll, Alison, "The Day the Internet Blew Up in My Face," Asia Media Archives, October 26, 2006 at https://www.asiamedia.ucla.edu/article.asp?parentid=56219（查閱時間：2013.12.11）（譯按：連結內容失效，同一篇文章可參：http://international.ucla.edu/institute/article/56541〔查閱時間：2018.12.11〕）

25 MIT Chinese Student and Scholar Association, "On the 'Visualizing Cultures' Controversy and Its Implications," May/June 2006, at http://ocw.mit.edu/ans7870/21f/21f.027/

throwing_off_asia_01/pdf/toa2_essay.pdf（查閱時間：2013.12.21）.

26 Dower, John W., “Throwing Off Asia II: Woodblock Printsofthe Sino-Japanese War (1894-1895)” at http://ocw.mit.edu/ans7870/21f/21f.027/throwing_off_asia_01/pdf/toa2_essay.pdf（查閱時間：2013.12.27）.

27 Perdue, Peter C., “Reflections on the ‘Visualizing Cultures’ Incident,” *MIT Faculty Newsletter*, Vol. 18, No 5 (May-June 2006) at http://web.mit.edu/fnl/volume/185/perdue.html（查閱時間：2013.12.11）

28 Perdue, Peter C., “Open Letter to Chinese Students at MIT,” April 28, 2006 at http://www.xys.org/forum/db/1/74/148.html（查閱時間：2013.12.11）

29 “Battle of People in the Ryukyu Islands Against the U.S. Occupation,” *People's Daily*, January 8, 1953.

30 Arnold, Michael S., “China Car Sales Rebound From Ire at Japan,” *Wall Street Journal*, July 19, 2013 at http://online.wsj.com/article/SB10001424127887324244304578473192244080244.html（查閱時間：2013.12.11）

31 Qin, Amy and Edward Wong, “Smashed Skull Serves as Grim Symbol of Seething Patriotism,” *New York Times*, October 10, 2013 at https://www.nytimes.com/2012/10/11/

world/asia/xian-beating-becomes-symbol-of-nationalism-gone-awry.html（查閱時間：2013.12.10）（譯按：同一篇文章中譯版可參閱：http://www.nytchina.com/china/20121011/c11xian/en-us/〔查閱時間2018.12.11〕）

32 Bi Yantao, "Nothing Wrong With Patriotic Education," *China Daily*, September 21, 2012 at http://usa.chinadaily.com.cn/opinion/2012-09/21/content_15772308.htm（查閱時間：2013.12.10）

33 引述自作者的採訪紀錄。

34 Wang Heyan, "Closer Look: How a Protest in Beijing Stuck to the Script," Caixin Online, September 17, 2012 at http://english.caixin.com/2012-09-17/100438867.htm（查閱時間：2013.12.12）

第七章　當官的人

1 Vogel, 626-627.

2 引述自作者電話採訪紀錄。

3 Deng Xiaoping, "Help the People Understand the Importance of the Rule of Law," June 28, 1986, in *Selected Works of Deng Xiaoping: Volume III* (1982-1992), Beijing: Foreign

Languages Press, 1994, P. 167.（譯按：《鄧小平文選》第三卷英譯版可在網路上參閱：https://dengxiaopingworks.wordpress.com/selected-works-vol-3-1982-1992/〔查閱時間：2018.12.12〕；中文版〈在全體人民中樹立法治觀念〉http://cpc.people.com.cn/GB/64184/64185/66612/4488752.html〔查閱時間：2018.12.12〕）

4 Vogel, 574.

5 「四項基本原則」即：必須堅持社會主義道路；必須堅持無產階級專政；必須堅持共產黨的領導；必須堅持馬克思列寧主義、毛澤東思想。

6 Cormier, 107.

7 Zhao, 27.

8 Chen, 21-22.

9 Zhao, 29.

10 Chen, 32.

11 "The Trial of Bao Tong," Human Rights Watch, August 3, 1992, at http://www.hrw.org/reports/1992/08/03/trial-bao-tong（查閱時間：2013.12.09）

12 "Prisoner of the State' Roundtable, Human Rights in China," July 2009 at http://www.hrichina.org/content/3823（查閱時間：2013.12.11）

13 Zhao, 84.

14 即〈關於制止動亂和平息反革命暴亂的情況報告〉。

15 姚，頁31。

16 同上，頁35。

17 同上，頁61。

18 李鵬日記，五月十九日紀錄。

19 Zhang Liang, 313.

20 《李鵬日記真相》五月二十八日，頁260–261。

21 同上。

22 同上，四月二十三日，頁78–79。

23 法國《世界報》（*Le Monde*），二〇一二年十一月七日。

24 LaFraniere, Sharon, and Michael Wines, "Protest Over Chemical Plant Shows Growing Pressure On China From Citizens," *New York Times*, August 15, 2011 at https://www.nytimes.com/2011/08/16/world/asia/16dalian.html（查閱時間：2013.12.11）

25 "China Disposable Income Per Capital" at http://www.tradingeconomics.com/china/disposable-personal-income（查閱時間：2013.12.11）

26 Huang, 165.

27 Gates, 195.

28 "Xi Jinping Millionaire Relations Reveal Fortunes of Elite", Bloomberg, June 29, 2012 at http://www.bloomberg.com/news/2012-06-29/xi-jinping-millionaire-relations-reveal-fortunes-of-elite.html（查閱時間：2013.12.11）

29 "Heirs of Mao's Comrades Rise as New Capitalist Nobility", Bloomberg, December 26, 2012 at http://www.bloomberg.com/news/2012-12-26/immortals-beget-china-capitalism-from-citic-to-godfather-of-golf.html（查閱時間：2013.12.11）

30 同上。

31 Barboza, David, "Billions in Hidden Riches for Family of Chinese Leader," *New York Times*, October 25, 2012 at https://www.nytimes.com/2012/10/26/business/global/family-of-wen-jiabao-holds-a-hidden-fortune-in-china.html（查閱時間：2013.12.11）

第八章　成都

1 成都年鑑編輯部，頁18。

2 本章的後續事件細節參考自美國目擊證人撰寫的兩份未發表的文章，其中一證人為裘蒂・魏曼・凱利。

3 成都年鑑編輯部，頁19。

4 Bernstein, Richard, "Turmoil in China; Far from Beijing's Spotlight, a City Bears Scars of Clashes," *New York Times*, June 15, 1989 at http://www.nytimes.com/1989/06/15/world/turmoil-in-china-far-from-beijing-s-spotlight-a-city-bears-scars-of-clashes.html?pagewanted=all&src=pm（查閱時間：2013.12.27）

5 楊汝岱：〈中國改革初期的四川探索〉，《炎黃春秋》第七期，二〇一〇年，頁23–28；Reuters, "Chinese Magazine Breaks Zhao Taboos," *Sydney Morning Herald*, July 8, 2010 at http://www.smh.com.au/business/world-business/chinese-magazine-breaks-zhao-taboo-20100708-1022g.html（查閱時間：2013.12.11）

6 《四川日報》，一九八九年五月十九日。

7 同上。

8 成都年鑑編輯部，頁20；四川日報編輯部編：《成都騷亂事件始末》，頁21。

9 成都年鑑編輯部，頁20；私人收藏照片。

10 警民衝突過程的詳細情形是參考一份匿名文獻《成都六四慘案調查》以及魏曼・凱利未發表的文章寫成。

26 此電報送至美國國家安全會狀況室，標題是「六月五日成都抗議演變成暴民動亂」（Chengdu Protests Become Mob Riots on 6/5）。

27 Li, 7.

28 《成都騷亂事件始末》，頁37。

29 《學潮・動亂・暴亂：驚心動魄的71天》，頁224。

30 《成都騷亂事件始末》，頁81。

31 "Letter to the Editor," *New York Times*, June 23, 1989, at http://www.nytimes.com/1989/06/23/opinion/l-chengdu-had-its-own-tiananmen-massacre-223689.html（查閱時間：2013.12.12）

32 Sanger, David E., "China Rejects Charges," *New York Times*, September 1, 1989 at http://www.nytimes.com/1989/09/01/world/china-rejects-charges.html（查閱時間：2013.12.27）

33 U.S. Congress, 409.

34 "Chengdu Environmentalist Indicted for Blood Drive Commemorating June 4/Tiananmen: Trial of Second Dissident Begins in Chengdu," August 4, 2009, at http://cablega-tesearch.net/cable.php?id=09CHENGDU141&q=tan%20zuoren（查閱時間：2013.12.12）（譯

按：連結失效，請參考維基解密https://wikileaks.org/plusd/cables/09CHENGDU141_a.html〔查閱時間：2019.03.15〕）

35 Zhang Liang, 392.

36 成都年鑑編輯部，頁17。

後記　記憶的債

1 Lu Xun, "More Roses Without Blooms," *Selected Works*, Beijing: Foreign Languages Press, 1980, 2: 268.（譯按：魯迅：〈無花的薔薇之二〉，收錄於《魯迅雜文集》。）

2 Lim, Louisa, "Student Leaders Reflect, 20 Years After Tiananmen," National Public Radio, June 3, 2009 at http://www.npr.org/templates/story/story.php?storyId=104821771（查閱時間：2013.12.28）

3 "Chinese Anger Over Pollution Becomes Main Cause of Social Unrest," Bloomberg News, March 6, 2013 at http://www.bloomberg.com/news/2013-03-06/pollution-passes-land-grievances-as-main-spark-of-china-protests.html（查閱時間：2013.12.11）

4 "China's Drinking Water in Crisis," Radio Free Asia, May 10, 2012 at http://www.rfa.org/english/news/china/water-05102012090334.html（查閱時間：2013.12.12）

5 "Four Tibetans Shot Dead as Protests Spread in Driru County," RFA, October 11, 2013 at http://www.rfa.org/english/news/tibet/shoot-10112013200735.html（查閱時間：2014.01.05）

6 Demick, Barbara, "China leaders were nearby during apparent Tiananmen Square attack." *LA Times*, Oct 29, 2013 http://www.latimes.com/world/world-now/la-fg-wn-tiananmen-square-china-leaders-20131029,0,359829.story#axzz2pZ7VnYEB（查閱時間：2014.01.05）

7 Macleod, Calum, "China Surveillance Targets Crime—and Dissent," *USA Today*, January 3, 2013 at http://www.usatoday.com/story/news/world/2013/01/03/china-security/1802177/（查閱時間：2014.01.05）

書目

外文出版品

Amnesty International. *"China: The Massacre of June 1989 and Its Aftermath,"* London, March 31, 1990, http://www.amnesty.org/en/library/info/ASA17/009/1990/en (accessed December 11, 2013).

Asia Watch *China*: *Political Prisoners Abused in Liaoning Province as Official Whitewash of Labor Reform System Continues*. Vol. 4, No. 23 (September 1, 1992), New York: Asia Watch, 1992, at http://www.hrw.org/reports/pdfs/c/ china/china929.pdf (accessed December 27, 2013).

Barme, Geremie R. *"Confession, Redemptionand Death: Liu Xiaobo and the Protest Movement of 1989,"* China Heritage Quarterly, March 2009, at http://www. chinaheritagequarterly. org/017/features/ConfessionRedemptionDeath.pdf (accessed December 27, 2013).

——*In the Red: On Contemporary Chinese Culture*. New York: Columbia University Press, 1999.

Beja, Jean-Philippe (ed.). *The Impact of China's 1989 Tiananmen Massacre*. New York: Routledge, 2011.

Berry, Michael. *A History of Pain: Trauma in Modern Chinese Literature and Film*. New York: Columbia University Press, 2008.

Brook, Timothy. *Quelling the People: The Military Suppression of the Beijing Democracy Movement*. Stanford, CA: Stanford University Press, 1998.

Buoye, Thomas, Kirk Denton, Bruce Dickson, Barry Naughton, and Martin K. Whyte (eds.). *China: Adapting the Past, Confronting the Future*. Ann Arbor, MI: University of Michigan Press, 2002.

Calhoun, Craig. Neither Gods Nor Emperors: Students and the Struggle for Democracy in China. Berkeley, CA: University of California Press, 1997.

Chai Ling. *A Heart for Freedom: The Remarkable Journey of a Young Dissident, Her Daring Escape, and Her Quest to Free China's Daughters*. Carol Stream, IL: Tyndale House Publishers, 2011.

Chan Koon-chung. *The Fat Years: A Novel* (tr. Michael S.Duke). New York: Doubleday, 2011.

Che Muqi. *Beijing Turmoil More than Meets the Eye*. Beijing: Foreign Languages Press, 1990.

Chen Xitong. *Report on Checking the Turmoil and Quelling the Counter-Revolutionary Rebellion*. Beijing: New Star Publishers, 1989.

Cheng Eddie. *Standoff at Tiananmen: How Chinese Students Shocked the World with a Magnificent Movement for Democracy and Liberty That Ended in the Tragic Tiananmen Massacre*. Highland Ranch, CO. Sensys Corp, 2009.

Cormier, Michel. *The Legacy of Tiananmen Square* (tr. Jonathan Kaplansky). Fredericton, New Brunswick, CA: Goose Lane Editions, 2013.

Cunningham, Philip. *Tiananmen Moon: Inside the Chinese Student Uprising of 1989*. Lanham, MD: Rowman & Littlefield, 2009.

Denton, Kirk A. "Heroic Resistance and Victims of Atrocity: Negotiating the Memory of Japanese Imperialism in Chinese Museums," *The Asia-Pacific Journal: Japan Focus*, Nov. 17, 2007 at http://japanfocus. org/-kirk_a_denton/2547 (accessed December 28, 2013).

Du Bin. *Tiananmen Tusha (Tiananmen Massacre)*. New York: Mirror Books, 2013.

Fenby, Jonathan. *Tiger Head Snake Tails: China Today, How It Got There, and Where It Is Heading*. New York: Overlook Press, 2012.

Feng Chongyi. "The Dilemma of Stability Preservation in China," *Journal of Current Chinese Affairs*, Vol. *42*, No. 2 (July 2013), 3–19.

Gates, Hill. *Looking for Chengdu: A Woman's Adventures in China*. Ithaca, NY: Cornell University Press, 1999.

Goldman, Merle. *From Comrade to Citizen: The Struggle for Political Rights in China*. Cambridge, MA: Harvard University Press, 2005.

Han Minzhu (ed). *Cries for Democracy: Writings and Speeches from the 1989 Chinese Democracy Movement,* Princeton, NJ: Princeton University Press, 1990.

He Rowena Xiaoqing. "Curriculum in Exile: Teaching Tiananmen at Harvard," *Curriculum and Teaching Dialogue*, Vol. *14*, No. 1–2 (2012), 53–66.

Hong Lijian. "Provincial Leadership and Its Strategy Toward the Acquisition of Foreign Investment in Sichuan," in *Provincial Strategies of Reform in Post-Mao China: Leadership, Politics and Implementation* (eds. Cheung Peter T. Y., Chung Jae-ho, and Zhimin Li). Armonk, New York: M. E. Sharpe, 1998, 372–411

Huang Xiaorui and Ge He. "Study on the Problems and Countermeasures of 'Limited Property Rights Houses,' " *Asian Social Science*, Vol. *7*, No. 9, Sept. 2011 (168–174).

Huang Yasheng. "How Did China Take Off?" *Journal of Economic Perspectives*, Vol. *26*, No. 4, Fall 2012 (147–170).

Hutterer, Karl L. *"The Massacre in China: A Report from the Provinces— Chengdu, Sichuan Province."* (unpublished paper).

Kelly, Judy Wyman. *"The Chengdu Spring' and Some Chinese Intellectuals."* (unpublished paper).

Kirby, William C.(ed.). *The People's Republic of China at 60, An International Assessment*. Cambridge, MA: Harvard University Asia Center, 2011.

Kissinger, Henry. *On China*. New York: Penguin, 2011.

Lee Ching Kwan and Yonghong Zhang. "The Power of Instability: Unraveling the Microfoundations of Bargained Authoritarianism in China," *American Journal of Sociology*, Vol. *118*, No. 6 (May 2013), 1475–1508.

Lee Haiyan. "The Charisma of Power and the Military Sublime in Tiananmen Square," *Journal of Asian Studies*, Vol. *70*, No. 2 (May) 2011, 397–424.

Li Linsen. *"From Tiananmen Square to Tianfu Square—the 1989 Student Protests in Chengdu"* (M.A. thesis, University of Michigan), 2012.

Liao Yiwu. *The Corpse Walker: Real Life Stories, China From the Bottom Up*. tr. Wen Huang. New York: Pantheon, 2008.

——. *For a Song and a Hundred Songs: A Poet's Journey Through a Chinese Prison* (tr. Wenguang Huang). New York: Houghton Mifflin Harcourt, 2013.

Liu Xiaobo. *No Enemies, No Hatred: Selected Essays and Poems* (eds. Perry Link, Tienchi Martin-Liao, and Liu Xia). Cambridge, MA: Belknap Press of Harvard University Press, 2012.

Ma Jian. *Beijing Coma* (tr. Flora Drew). New York: Farrar, Straus and Giroux, 2008.

McGregor, Richard. *The Party: The Secret World of China's Communist Rulers*. New York: Harper, 2010.

Miles, James A.R.. *The Legacy of Tiananmen: China in Disarray*. Ann Arbor, MI: University of Michigan Press, 1996.

Minzner, Carl. *"Social Instability in China: Causes, Consequences and Implications,"* Center for Strategic and International Studies, 2006, at http:// csis.org/files/media/csis/

events/061205_mizner_abstract.pdf (accessed December 28, 2013).

Munro, Robin. "Who Died in Beijing, and Why," *The Nation*, Vol. *250*, No. 23 (June 11, 1990), 811–821.

Munro, Robin, and Mickey Spiegel (eds.). *Detained in China and Tibet: A Directory of Political and Religious Prisoners*. New York: Human Rights Watch, February 1994.

Ogden, Suzanne et al. (eds.). *China's Search for Democracy: The Student and Mass Movement of 1989*, Armonk, NY: M.E. Sharpe, 1992.

Oksenberg, Michel, Lawrence R. Sullivan, and Marc Lambert (eds.). *Beijing Spring, 1989 Confrontation and Conflict, The Basic Documents*. Armonk, NY: M. E. Sharpe, 1990.

Pal, Nyiri. "From Starbucks to Carrefour: Consumer Boycotts, Nationalism and Taste in Contemporary China," *PORTAL Journal of Multidisciplinary International Studies*, Vol. *6*, No. 2, July 2009 at http://epress.lib.uts.edu. au/journals/index.php/portal/article/view/936/1505 (accessed December 28, 2013).

Pan, Philip P. *Out of Mao's Shadow: The Struggle for the Soul of a New China*. New York: Simon & Schuster, 2008.

Pomfret, John. *Chinese Lessons: Five Classmates and the Story of the New China*. New York:

Henry Holt, 2006.

Rea, Dennis. *Live at the Forbidden City: Musical Encounters in China and Taiwan*. Bloomington, IN: iUniverse, 2006.

Rhodes, Greg. *Expat in China: The Chengdu Blues*. Create Space Independent Publishing Platform, 2013.

Schak, David. *"Learning Nation and Nationalism: A Longitudinal Examination of Primary School Moral Education Texts in China,"* unpublished paper, 2013. Schell, Orville. *Mandate of Heaven: the Legacy of Tiananmen Square and the Next Generation of China's Leaders*. New York: Touchstone Edition, Simon & Schuster, 1995.

Schell, Orville, and John Delury. *Wealth and Power, China's Long March to the Twenty-first Century*. New York: Random House, 2013.

Schell, Orville, and David Shambaugh (eds.). *The China Reader: The Reform Era*. New York: Vintage Books, 1999.

Shen Tong. *Almost a Revolution: The Story of a Chinese Student's Journey from Boyhood to Leadership in Tiananmen Square*. Ann Arbor, MI: University of Michigan Press, 1998.

Spence, Jonathan. *The Gate of Heavenly Peace: The Chinese and Their Revolution 1895-1980*.

New York: Viking, 1981.

Unger, Jonathan (ed.). *The Pro-Democracy Protests in China, Reports from the Provinces*. Armonk, NY: M. E. Sharpe, 1991.

U.S. Congress. Senate Committee on Foreign Relations. Subcommittee on East Asian and Pacific Affairs. *Sino-American Relations: One Year After the Massacre at Tiananmen Square*. 101st Congress, 2nd Session, 1991.

Vogel, Ezra F. *Deng Xiaoping and the Transformation of China*. Cambridge, MA: Belknap Press of Harvard University Press, 2011.

Wang Chaohua (ed.). *One China, Many Paths*. New York: Verso, 2003.

Wang Zheng. "National Humiliation, History Education and the Politics of Historical Memory: Patriotic Education Campaign in China," *International Studies Quarterly*, Vol. *52*, No 4 (December 2008), 783–806.

——. *Never Forget National Humiliation; Historical Memory in Chinese Politics and Foreign Relations*. New York: Columbia University Press, 2012.

Wasserstrom, Jeffrey N. *China in the 21st Century: What Everyone Needs to Know* (2nd ed). New York: Oxford University Press, 2013.

Wong Jan. *Red China Blues: My Long March from Mao to Now*. New York: Anchor Books, 1996.

Wu'er Kaixi and Chris Taylor. *Road to Exile* (unpublished manuscript), 2004, at http://www.*christaylorwriter*.com/road-to-exile/ (accessed January 1, 2014).

Yu Hua. *China in Ten Words* (tr. Allan H. Barr). New York: Pantheon Books, 2011.

Zhang Liang (compiler), *The Tiananmen Papers*, ed. Andrew J. Nathan and Perry Link. New York: Public Affairs, 2001.

Zhao Ziyang, *Prisoner of the State: The Secret Journal of Premier Zhao Ziyang* (ed. and tr. Bao Pu, Renee Chiang, and Adi Ignatius). New York: Simon & Schuster, 2009.

中文出版品

匿名：〈成都六四慘案調查〉，未發表，一九八九年。

鮑彤：《鮑彤文集——二十一世紀編》，香港：新世紀出版社，二〇一二年。

北京市司法局法制教育教材編寫組編：《制止動亂平息反革命暴亂法律問題解答》北京：北京出版社，一九八九年。

《北京風波紀實》畫冊編委會編：《北京風波紀實：*The Truth about the Beijing Turmoil*》，北京：北京出版社，一九八九年。

成都年鑑編輯部編：《成都年鑑（1990）》，成都：成都出版社，一九九〇年。

中國人民解放軍總政治部，文化部徵文辦公室編：《戒嚴一日》，北京：解放軍文藝出版社，一九九〇年。

何沁（主編）：《中華人民共和國史》，北京：高等教育出版社，一九九九年。

李鵬：《關鍵時刻：李鵬六四日記》（未出版）

李鵬：《李鵬六四日記真相：附錄李鵬六四日記原文》，張剛華編，香港：澳亞出版，二〇一〇年。

四川日報編輯部編：《成都騷亂事件始末》，成都：四川人民出版社，一九八九年。

——：《學潮・動亂・暴亂：驚心動魄的71天》，成都：四川人民出版社，一九八九年。

國家教委思想政治工作司：《驚心動魄的56天：一九八九年四月十五日至六月九日每日紀實》，北京：大地出版社，一九八九年。

司徒華：《大江東去：司徒華回憶錄》，香港：牛津大學出版社，二○一一年。

王丹：《王丹回憶錄：從六四到流亡》，台北：時報出版，二○一二年。

王順生、延敏、王久高：《新編中國共產黨歷史教程》，北京：高等教育出版社，二○一一年。

吳牟人：《八九中國民運紀實》，未出版，一九八九年。

吳仁華：《六四事件中的戒嚴部隊》，阿罕布拉，加州：真相出版社，二○○九年。

吾爾開希：《為自由而自首：吾爾開希的流亡筆記》，新北市：八旗文化，二○一三年。

楊繼繩：《中國改革年代的政治鬥爭》，修訂版，香港：天地圖書，二○一○年。

姚監復（執筆）：《陳希同親述：眾口鑠金難鑠真》，香港：新世紀出版社，二○一二年。

張豈之（主編）：《中國歷史新編》，北京：高等教育出版社，二○一一年。

中國觀察42

重返天安門

在失憶的人民共和國，追尋六四的歷史真相

作　　者　林慕蓮（Louisa Lim）
翻　　譯　廖珮杏
編　　輯　王家軒
校　　對　陳佩伶
封面設計　徐睿紳

企劃總監　蔡慧華
出　　版　八旗文化／遠足文化事業股份有限公司
發　　行　遠足文化事業股份有限公司（讀書共和國出版集團）
地　　址　新北市新店區民權路108-2號9樓
電　　話　02-22181417
傳　　真　02-22188057
客服專線　0800-221029
信　　箱　gusa0601@gmail.com
Facebook　facebook.com/gusapublishing
Blog　gusapublishing.blogspot.com
法律顧問　華洋法律事務所／蘇文生律師

印　　刷　前進彩藝有限公司
定　　價　420元
初版一刷　2019年（民108）5月
初版七刷　2023年（民112）10月
ISBN　978-957-8654-64-8

國家圖書館出版品預行編目（CIP）資料

重返天安門：在失憶的人民共和國，追尋六四的歷史真相／林慕蓮（Louisa Lim）著；廖珮杏譯. -- 一版. -- 新北市：八旗文化出版：遠足文化發行, 民108.05
面；　公分. --（中國觀察；42）
譯自：The people's republic of amnesia : Tiananmen revisited
ISBN 978-957-8654-64-8（平裝）

1. 天安門事件

628.766　108006426